DELIUS KLASING

MOTO GUZZI

MOTO GUZZI

Alessandro Pasi

MOTO GUZZI

Die Geschichte der Adler aus Mandello

Delius Klasing Verlag

Danksagung

Ich danke Roberto Maria Zerbi, Paolo Pezzini und Daniele Torresan aus der Piaggio-Presseabteilung für die Unterstützung und Mitarbeit.
Ohne die Geduld und Hilfe meiner Frau Alessandra, ohne die Neugier und die Anregungen meiner Töchter Linda und Virginia und ohne die endlosen nächtlichen Diskussionen mit meinem Bruder Alberto über Motorräder allgemein und Guzzis ganz besonders hätte es dieses Buch nie gegeben.
Weiterhin danke ich Flavio Guberti für seine liebevolle Buchgestaltung und seine unendliche Geduld mit mir.

Alessandro Pasi

Die Originalausgabe dieses Buches erschien unter dem Titel »Moto Guzzi – Una storia italiana« bei Bolis Edizioni, Azzano San Paolo, Italien.

www.bolisedizioni.it

Bibliografische Information der Deutschen Nationalbibliothek
Die Deutsche Nationalbibliothek verzeichnet diese Publikation in der Deutschen Nationalbibliografie; detaillierte bibliografische Daten sind im Internet über http://dnb.d-nb.de abrufbar.

1. Auflage
ISBN 978-3-7688-5294-4

Umschlaggestaltung: Buchholz/Hinsch/Hensinger, Hamburg
Übersetzung und deutsche Bearbeitung: Udo Stünkel
Design und Layout: Break Point
Lithografie: Serio spa, San Paolo d'Argon Bg
Satz: Kunst- und Werbedruck, Bad Oeynhausen
Printed in Italy 2009

Vertrieb: Delius Klasing Verlag, Siekerwall 21, D-33602 Bielefeld
Tel.: 0521/559-0, Fax: 0521/559-115
E-Mail: info@delius-klasing.de · info@delius-klasing.de
www.delius-klasing.de

Abbildungsnachweis

Archiv Alessandro Pasi, Mailand: Seiten 5 (2), 30 (o, m), 44 (m, u), 46 (m), 46/47, 47 (o, r), 53 (o, r), 77 (r beide), 81 (or), 82 (u), 101, 102, 109, 110/111, 111 (o), 112 (2), 114 (2), 115 (or), 117 (o, u), 119, 121, 124/125 (u), 127 (u), 129, 130–131 (3), 132 (ul)
Archiv Moto Guzzi: Seiten 2, 17 (m), 19 (u), 22–23 (3), 48, 56 (o), 58, 60–61 (4), 91 (o), 98, 108/109, 126 (u), 128 (o), 132 (u), 133, 134–135 (3), 136, 137, 138 (2), 139 (2), 140, 142, 143, 144–145 (3), 146–147 (3), 148–149 (11), 150, 151, 152, 153 (2), 154, 155 (l), 156–157 (48)
Libri d'oro Moto Guzzi: Seiten 8, 18, 19 (ol), 24 (2), 25, 28 (ol), 29, 34, 36 (o), 40, 42, 43, 49, 51, 54, 56 (2, u), 57 (u)
Archivio Fotografico Guareschi – Roncole Verdi (PR) © Alberto und Carlotta Guareschi: S. 52 (o)
Archiv Piaggio/Gilera: Seiten 62 (u), 67 (u)
Archiv BMW: Seiten 14 (l), 31, 33 (ur), 120 (r)
Studienzentrum und Archiv Antonio Ligabue, Parma: S. 127 (o)
Gianalberto Cigolini: Seiten 52/53, 79 (o), 80/81, 81 (o), 94 (o), 95 (o)
Digimedia Mandello del Lario (Co): Seiten 10, 11, 12 (2), 13 (2), 14 (or), 15 (2), 17 (or plus 2 u), 19 (or), 21, 26, 27, 28 (u), 30 (u), 32, 33 (4 o), 36 (u), 37 (o), 38 (2), 39, 41 (2), 45 (3), 46 (o), 47 (u), 50, 52 (u), 55 (3), 57 (o), 59 (2), 62 (u), 63 (2), 64, 66 (2), 67 (o), 68 (2), 69, 70, 71 (2), 72–73 (3), 74, 75, 76/77, 77 (o), 78, 79 (2), 82 (or), 82/83, 83 (or), 84 (2), 85 (2), 86, 87 (2), 88 (2), 89 (2), 90, 91 (u), 92, 93 (2), 94/95 (u), 103, 104, 105 (2), 106, 107 (2), 110, 113 (2), 115 (ol), 118 (2), 120 (m), 122 (2), 123, 124, 125 (o), 128 (u), 155 (r), 158 (2)
Presseabteilung Fiat: Seiten 16, 37 (u)
Honda: S. 117 (or)
Joe Bar Team Band 2 © Editions Glénat/Vents d'Ouest, 2003: S. 96–97
Kawasaki Motor Europe N. V.: S. 116 (2)
Norton, von Mick Woollett, Osprey Publishing Ltd, 1992, S. 20
Photomovie, Milano: S. 126 (o)
Suzuki Italia: S.115 (or, u)

Der Originalverlag hat sich sehr bemüht, alle Rechteinhaber ausfindig zu machen und korrekt zu benennen.
Bei historischen Motiven ist dies aber gelegentlich sehr schwierig. Der Verlag bittet um Verständnis und nimmt korrigierende Hinweise gern entgegen.

Die Vorliebe für eine bestimmte Motorradmarke hat immer ganz persönliche Gründe. Bei mir entstand sie beim Betrachten verblichener Schwarz-Weiß-Fotos meines Großvaters; diese Fotos zeigten ihn im Sattel seiner Falcone-Sport und später, in den unmittelbaren Nachkriegsjahren, als Funktionär des Italienischen Motorsportverbandes FMI. Er war es auch, der mich beim Kauf meines ersten Mopeds begleitete, natürlich war es ein Guzzi Dingo. Wäre ich anderswo aufgewachsen, hätte es sich vermutlich auch anders entwickeln können, aber in unserem Fall war Moto Guzzi immer die erste Wahl – ohne jeden Vorbehalt! Ebenso erging es meinem Bruder Alberto, der, wenn auch einige Jahre nach mir, die ersten motorisierten Meter gleichfalls auf einem Dingo zurücklegte.

Später hätte ich mir gern eine V7 Sport gekauft, nur aus Geldmangel wurde es dann eine Ducati 350. Seitdem habe ich viele Marken besessen und noch mehr gefahren, italienische, englische und spanische. Aber der Moto Guzzi-Virus hatte sich eingenistet und wirkte weiter. Nach und nach habe ich schließlich fast alle Guzzi-Modelle gefahren, einen Ausflug mit dem Galletto aufs Land eingeschlossen. Und so entstand dieses Buch auch aus der Erinnerung an eigene auf diese Motorradmarke bezogene Erfahrungen und Emotionen, aus einer Gemütsverfassung, die das Herumschnüffeln in der Vergangenheit zum Genuss macht und das Aufstöbern von Erinnerungen zu einer Zeitreise werden lässt.

Leidenschaft in der dritten Generation.

Oben der Großvater des Autors, Besitzer einer Falcone Sport und Funktionär beim Italienischen Motorsportverband FMI. Das Foto zeigt den Start von Piergiovanni Fidelmo auf einer 250er-Guzzi beim Bergrennen Aosta–Großer St. Bernhard im Jahre 1949. Er gewann in 28 Min. 14 Sek. und erreichte eine Durchschnittsgeschwindigkeit von 72 km/h.

Natürlich dürfen solche Sentimentalitäten nicht den Blick auf die Wahrheit verstellen. Denn die Geschichte der Marke Moto Guzzi besteht nicht nur aus Momenten voller Ruhm und Ehre, sondern auch aus Ausrutschern, fragwürdigen Entwicklungen, schlechten Modellen und Entscheidern ohne Zukunftsvision. Das Wissen um die schwachen Seiten kann das Image der Marke jedoch nicht beschädigen, im Endeffekt stellen Schönheit und Qualität der Guzzi-Modelle doch alles andere in den Schatten. Moto Guzzi begeistert immer wieder, das beweisen die vielen Treffen, die Clubs in aller Welt; das beweist jeder einzelne Markenliebhaber, der seine Guzzi pflegt und schmiert. Für viele ist Moto Guzzi nach wie vor die italienische Motorradmarke schlechthin. Sie erhoffen sich vom Einstieg Piaggios einen neuen Höhenflug der Adler aus Mandello.

Gewiss mangelt es nicht an Literatur über Moto Guzzi, und das ist gut so. Das vorliegende Buch will nicht so sehr die Fakten zusammenstellen, es folgt eher der Dramaturgie eines Kinofilms. Es konzentriert sich auf das, was die emotionale Seite der Marke ausmacht. Seit fast 90 Jahren entwickelt sich die Geschichte Moto Guzzis – stellen Sie sich vor, sie entfaltet sich vor Ihnen wie auf einer Kinoleinwand. Was fehlt, ist die Tonspur. Es fehlen das Heulen von Carcanos V8-Motor und das Brüllen eines Renn-Einzylinders beim Beschleunigen nach dem Start. Ein Buch ist eine Art Stummfilm – die Tonspur müssen Sie selbst hinzufügen. Viel Spaß dabei!

Inhalt

LINEA DI MONTAGGIO 3

SHERIFF

Die wunderbaren Jahre

Carlo Guzzi, genialer Konstrukteur mit Sinn für das Machbare.

Der erste Guzzi-Motor: 500 cm³ Hubraum und 8 PS.

Omobono Tenni gewann 1937 auf Guzzi die erste TT mit einer nichtenglischen Maschine.

Die Welt im Geschwindigkeitsrausch – das 20. Jahrhundert beginnt mit einem Traum. Das Ungeheuer, welches diesen Traum Wirklichkeit werden lässt, ist der 1883 von Gottlieb Daimler erfundene schnelllaufende Verbrennungsmotor – klein, böse und laut. Zwei Jahre später im »Reitwagen« zwischen zwei Räder gesetzt, nahm er ab 1885 die Gedanken der Menschen in Besitz. Einzig der Geschwindigkeitsrausch ließ Menschen Lust bekommen, sich Widrigkeiten wie Hitze, Kälte, Schnee, Gestank, Vibrationen, Reifenpannen, Maschinenschäden oder Unfällen auszusetzen. Als der Erste Weltkrieg endete, nahmen sich zwei Italiener vor, das Motorrad zu verbessern und das Leben der Motorradfahrer erträglicher zu machen. Sie hießen Carlo Guzzi und Giorgio Parodi …

Die Tochter des Jahrhunderts

Fertigstellung der allerersten Moto Guzzi. Im Hintergrund die Berge am Comer See. Ölgemälde auf Leinwand, aus dem Guzzi-Jahrbuch 1949 (Seite 8).

In den Jahren nach Ende des Ersten Weltkriegs, als der technische Fortschritt wieder im zivilen Bereich sichtbar wurde, erforderte das Motorrad mehr noch als das Auto Leidenschaft und Hingabe. Wer diese aufbrachte, wurde vor allem durch den Rausch der Geschwindigkeit belohnt. Die ersten Männer im Sattel erlebten ein echtes Abenteuer auf ihren Geräten mit lauten und überhitzenden Motoren, die nur mühsam zum Laufen zu bringen und schwer zu fahren, dabei – wenn überhaupt – nur krachend zu schalten und anschließend kaum zu stoppen waren. Selbst der größte Enthusiast konnte solche Unzulänglichkeiten auf Dauer kaum ertragen. Viele Konstrukteure machten sich daran, das Fahrrad mit Motor – denn genau das war damals ein Motorrad – zu verbessern. Darunter waren auch die drei Männer von der Fliegertruppe, deren Gedanken sich bereits während des Krieges, als der Frieden noch nicht absehbar war, nur um die Verbesserung des Motorrades drehten: Carlo Guzzi, Mechaniker und Ingenieur aus der Lombardei, Giorgio Parodi, Unternehmersohn mit Sinn fürs Geschäftliche aus Ligurien, und Giovanni Ravelli, Rennfahrer (damals noch Pilot genannt) aus Brescia. Ravelli stirbt bei einem Flugzeugabsturz kurz nach Ende des Krieges, aber Guzzi und Parodi machen weiter. Später werden die beiden den Adler mit offenen Schwingen als Markenzeichen wählen – als Erinnerung an den verstorbenen Freund und ihre gemeinsame Zeit bei den Fliegern.

Ein Leben auf dem Motorrad

Carlo Guzzi (1888 bis 1964), wie immer mit Mütze. Schon vor seiner Einberufung zu den Militärfliegern 1914 galt seine Leidenschaft den Motorrädern. Viel Erfahrung sammelte er in der Werkstatt von Giorgio Ripamonti. Während des Krieges lernte er den Piloten Giorgio Parodi kennen, mit dem er am 15. März 1921 Moto Guzzi gründete.

Carlo Guzzi weiß längst, wie sein Motorrad aussehen soll, doch fehlt zunächst das Geld für den Bau – darum soll sich der aus einer wohlhabenden Familie stammende Giorgio Parodi kümmern. Ende 1918 bittet dieser seinen Vater Emanuele Vittorio darum, das gemeinsame Unternehmen zu finanzieren, doch der holt als Unternehmer alter Schule und dazu typischer bedächtiger Ligure von der Konstrukteursvereinigung zunächst Auskünfte über den Motorradmarkt ein. Er begreift schnell, dass die Massenmotorisierung ein großes Potenzial hat und stellt Guzzi und seinem Sohn die Anschubfinanzierung sicher. In einem Brief vom 3. Januar 1919 (heute ausgestellt im Guzzi-Museum) teilt er dies seinem Sohn mit und legt damit den Grundstein für Moto Guzzi. In diesem Brief schreibt er: »Lieber Giorgio, diese Woche habe ich deinen Brief vom 30. erhalten. Vor meiner Abfahrt nach Rom schreibe ich dir noch in Eile ... die Antwort, dass ich euch zunächst 1500 bis 2000 Lire als Anschub zur Verfügung stelle. Teile bitte deinem Partner mit, wie enthusiastisch ich zu eurem Plan stehe. Jedoch behalte ich mir vor, vor einer endgültigen Zusage euer Projekt persönlich zu begutachten, um dann unseren Handel ernsthaft abzuschließen. Bestätigen sich dabei die positiven Annahmen, wird es mir eine Freude sein, deutlich weiterzugehen, dann ohne finanzielles Limit.«

Moto Guzzi Normale

Das erste von Carlo Guzzi in Handarbeit gebaute Motorrad hieß »GP« (für Guzzi-Parodi), alle danach in Serie gebauten »Normale« wurden »Moto Guzzi« genannt, da Guzzis Partner Giorgio Parodi eine Verwechselung mit seinen Initialen vermeiden wollte.

Guzzis Innovationen

Wie alle großen Erneuerer hatte Carlo Guzzi zahlreiche geniale Ideen, die seinen Motorrädern eine große Beliebtheit bescherten. Hier eine kurze Abfolge seiner bedeutendsten Ideen und Prinzipien: Alles beruht auf der Grundlage von Einfachheit, denn was nicht vorhanden ist, kann auch nicht kaputtgehen, dazu wiegt und kostet es auch nichts. An zweiter Stelle folgt das Grundprinzip des Motors – einzylindrig mit liegendem Zylinder und kurzem Kolbenhub; die Vorteile: gute Kühlung (Fahrtwind), tiefer Schwerpunkt, kompakte Bauweise, geringe Vibrationen. Die Kurbelwelle dreht rückwärts, Spritzöl schmiert die Zylinderwandung, Kurbelwelle und Getriebe befinden sich im gleichen Gehäuse, dazu Trockensumpfschmierung ohne Ölwanne am Motor – alles zusammen ergibt einen sehr kompakten Motor, dessen innere Teile sehr gut geschmiert werden und präzise ineinandergreifen. Das Motoröl wird aus dem Motor in einen separaten Tank gepumpt, wodurch es vor seiner Rückkehr gut abkühlt.

Im Jahre 1921 wird in Guzzis Heimatort Mandello del Lario am Comer See die erste Moto Guzzi fertig, sie verlässt unter der Bezeichnung »Normale« die noch kleine Werkstatt. Die Konstruktion ist eine Mischung aus alt und neu, verfügt aber bereits über viele Ideen, die in den folgenden Jahrzehnten zu den Markenzeichen von Moto Guzzi werden sollen. Das bemerkenswerteste Detail ist die verchromte Schwungscheibe, die aussieht, als wäre sie von Berkel geliefert worden – einer bekannten Fabrik für Schinken-Schneidemaschinen. Läuft der Motor, so dreht sie sich schnell und offen laufend direkt neben dem linken Fuß des Fahrers; direkt auf der Kurbelwelle befestigt, dient sie dazu, den ewigen Feind von Mensch und Maschine zu zähmen: die Vibrationen.

Stilbestimmend und für lange Zeit das typische Guzzi-Merkmal ist der liegende Einzylinder-Kurzhubmotor mit radial angeordneten Kühlrippen an Zylinder und Kopf. Der erste Prototyp verfügte über vier im Kopf hängende

So sehen Sieger aus

Das Guzzi-Team nach dem Sieg bei der Junior-TT 1935 hinter der von Stanley Woods gefahrenen 250er. Links stehen Giorgio Parodi, Stanley Woods und Omobono Tenni. Zweiter von rechts (mit Barett) ist Werks-Rennmechaniker Carlo Agostini.

Carlo Guzzi, hier 1953 links neben der 500er-Vierzylinder-Rennmaschine (unten).

Ventile mit offenen Haarnadelfedern sowie eine per Königswelle angetriebene oben liegende Nockenwelle – Details, die Guzzis große Erfahrung im Flugmotorenbau widerspiegelten. Für die folgende Serienfertigung wurden die Triebwerke allerdings deutlich einfacher und billiger auf Wechselsteuerung umgerüstet – mit einer unten liegenden Nockenwelle und einer Stößelstange für das einzelne hängende Auslassventil.

Die extrem fortschrittlichen Details des Prototyps sollten schon bald in den Rennmaschinen der Firma auftauchen und stetig verbessert werden.

Der Prototyp »GP« steht heute im Guzzi-Werksmuseum. GP steht dabei für »Guzzi-Parodi«, doch um Verwechselung mit seinen Initialen zu vermeiden, bat Giorgio Parodi um eine Namensänderung an den Maschinen. Sein Wunsch war es, die Motorräder MOTO GUZZI zu nennen, dies wohl aus Anerkennung der technischen Leistung des Konstrukteurs, wie auch aus seiner eigenen Bescheidenheit heraus. Für die Öffentlichkeit trat Parodi damit zwar in den Hintergrund, er war und blieb jedoch der bestimmende Mann in der Firmenführung und Organisation und trug in erheblichem Maße zum Erfolg der jungen Firma bei.

Zurück zum ersten Motorrad, das trotz aller Innovationen in vielerlei Hinsicht ein Kind seiner Zeit war: Beispielsweise verfügte es über eine halbautomatische Verlustschmierung, bei der der Fahrer das Öl per Handpumpe aus dem Öltank in den Motor förderte, wo es die Kurbelwelle, den Pleuel und den Zylinder schmierte. Verbrauchtes und überschüssiges Öl gelangte am Kolben vorbei in den Brennraum, wo es mitverbrannt wurde – nicht gerade umweltfreundlich, aber zu jener Zeit Standard im Motorenbau. Allerdings wurden bereits 1922 Guzzis mit einer Rücklaufpumpe ausgerüstet, während fast alle anderen Motorradhersteller oftmals noch jahre-

lang weiter mit Verlustschmierung arbeiteten. Das Vorderrad der Normale federte mit einer Trapezgabel oder Dämpfung, während das Heck starr blieb. Den nötigen Komfort leistete der breite, gefederte Ledersattel vom englischen Spezialisten Brooks. Die Sitzhöhe betrug lediglich 62 cm!

Und die Motorleistung: 8 PS aus 500 cm^3! Heute lächeln wir darüber, doch damals war dieser Wert durchaus beachtlich. Hieraus wird auch ersichtlich, was uns fast 100 Jahre technischer Fortschritt gebracht hat. Die Normale erreichte damit eine Höchstgeschwindigkeit von 80 km/h. Obwohl der Motor aufgrund seines Aufbaus und der damals üblichen Benzinqualität lediglich eine Verdichtung von 3,5 bis 4 : 1 aufwies, begnügte er sich mit 3,5 Litern auf 100 km – so sollte der Tankinhalt von zehn Litern eine annehmbare Reichweite ermöglichen. Die Verlustschmierung erforderte etwa 0,3 Liter Öl pro 100 km, doch die im folgenden Jahr eingeführte Umlaufschmierung verringerte diesen Wert deutlich.

Motorräder wurden damals üblicherweise ohne Lichtanlage verkauft, es gab auch keinerlei Vorschriften, und elektrische Bauteile waren noch sehr primitiv und wenig leistungsfähig. Licht gab es nur gegen Aufpreis als Gaslampe mit Acetylen-Entwickler.

Die Società Anonima (Aktiengesellschaft) Moto Guzzi wurde am 15. März 1921 in Genua gegründet. Als Präsident war der »anonyme« Geldgeber Emanuele Vittorio Parodi, Giorgios Vater, eingetragen. Dieser mag anfangs gedacht haben, er müsse die jungen Leute überwachen, doch sein Titel bleib stets rein ehrenamtlich. Die Firma blieb weitgehend familiär; neben Carlo Guzzi arbeitet auch dessen Bruder Giuseppe als Ingenieur und Fahrwerksspezialist mit, und Giorgio Parodi wurde von seinem Bruder Angelo bei der Organisations- und Verwaltungsarbeit unterstützt.

Viel ist über dieses berühmte Paar der italienischen Industriegeschichte geschrieben worden. Carlo war ruhig, zurückhaltend, dickköpfig und ein Liebhaber schöner Frauen – Rennveranstaltungen interessierten ihn weniger.

Ausweitung der Produktion

Das erste »Werk« von Moto Guzzi gegenüber dem Bahnhof von Mandello: Zehn Arbeiter verteilten sich in einem 300 m^2 großen Gebäude (oben links). Daneben der Blick von der anderen Seite 30 Jahre später. In den 1950er-Jahren beschäftigte Guzzi mehr als 2000 Arbeiter.

BMW R 32: die Konkurrentin

1923 wurde in Paris die von Martin Stolle und Max Friz entworfene erste BMW, die R 32, vorgestellt. Ihr seitengesteuerter 500 cm³-Boxermotor leistete 8,5 PS, das Motorrad wog 120 kg und brachte es auf 95 km/h Höchstgeschwindigkeit. Das innovativ aufgebaute Motorrad begründete den zuverlässigen Ruf der Münchener Marke.

Giorgio galt als asketisch und sittsam, aber sehr impulsiv – und er liebte Motorradrennen. Er zögerte nie, selbst neue Maschinen auf den anspruchsvollsten Strecken zu testen, und oft endeten diese Fahrten mit spektakulären Stürzen. Dem Guzzi-Historiker Mario Colombo erzählte er einmal, dass er schon immer an allen Fronten Fetzen seines Körpers zurücklassen musste und dafür etliche Orden und Medaillen erhalten habe.

Was verband die beiden? Eine stark verwurzelte Freundschaft aus den Kriegstagen und der Wille, eine Firma aufzubauen. Beide wussten, dass sie sich sehr gut ergänzten, und dies Wissen stärkte ihr Verhältnis, auch in der gemeinsamen Firma. Ihre Zusammenarbeit verlief ohne große Rückschläge bis zu Giorgios Tod im Jahre 1955 (Carlo starb 1964). Beide verloren nie ihre Bodenhaftung und leisteten sich auch nach den guten Gewinnen, die ihre Firma nach nur wenigen Jahren abwarf, keine teuren Extravaganzen.

Die erste Fabrik mit einer Grundfläche von 300 m² und zehn Mitarbeitern entstand 1921 gegenüber dem Bahnhof von Mandello. 1921 begann auch das vielleicht aufregendste Kapitel der Firmengeschichte: der Rennbetrieb.

Einhergehend mit dem Beginn der Motorisierung und der zunehmenden Verbreitung von Kraftfahrzeugen entsteht das Bedürfnis nach sportlichen Wettbewerben – Rennen fahren wird der unzähmbare Wunsch vieler Motorradfahrer. Und während sich Moto Guzzi in den 1920er-Jahren rasch als starke, aufstrebende Marke etablieren kann, werden zahlreiche neue Modelle vorgestellt – für die Straße und für die Rennstrecke.

Die erste Guzzi

Obwohl es »Normale« hieß, verfügte das erste Motorrad aus Mandello über zahlreiche fortschrittliche Lösungen: einen geschlossenen Doppelschleifenrahmen, eine gefederte Trapezgabel und einen liegenden Motor mit außen angebrachtem Schwungrad, der beachtliche 8 PS leistete.

Volles Risiko

Drei 500er-Guzzi in voller Fahrt auf der Rennstrecke von Monza im Jahre 1925. Vizioli führt vor Moretti und Casale. Keine der Maschinen verfügt über eine Vorderradbremse – die hielt man damals für zu gefährlich.

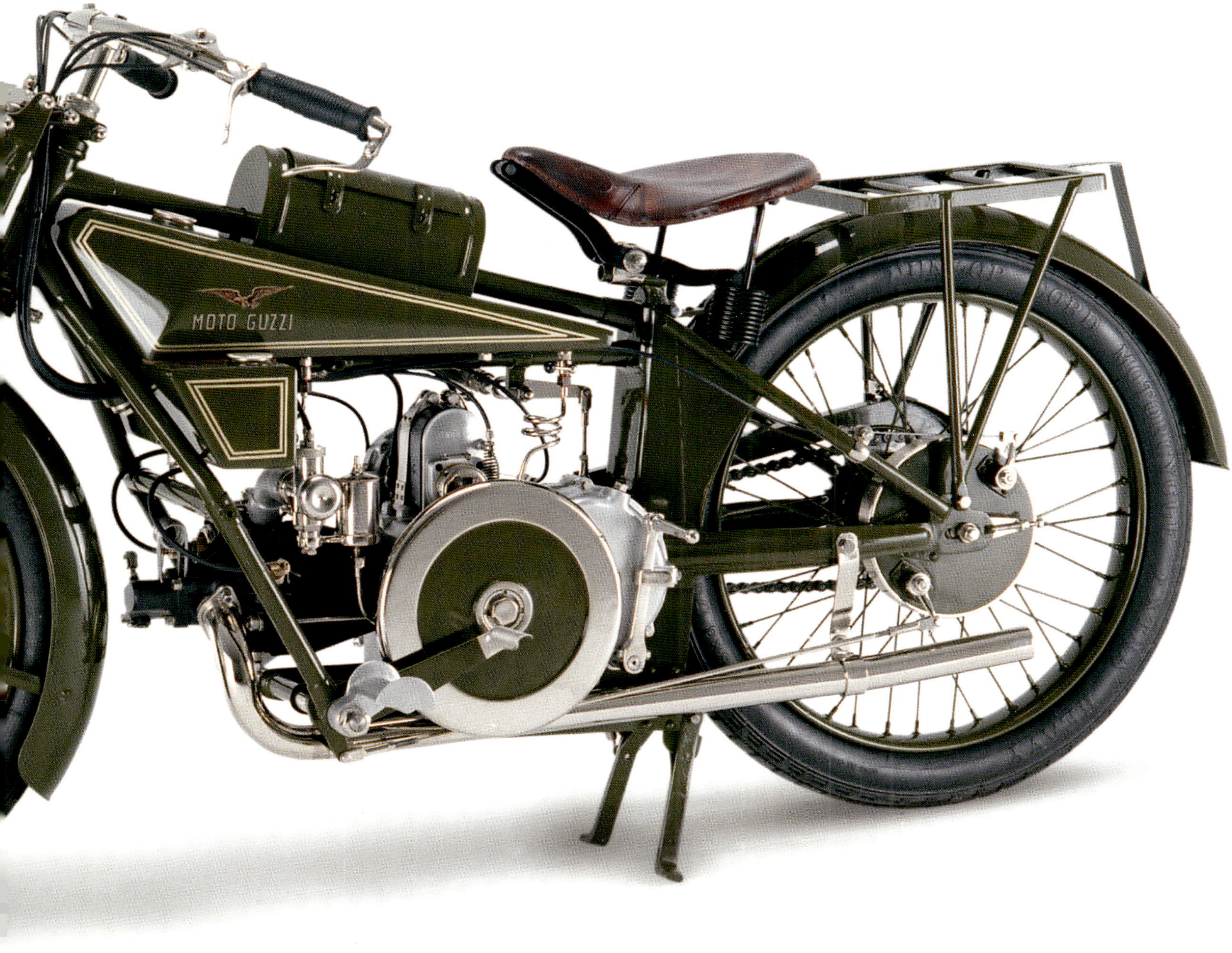

Die Gefederte

Moto Guzzi Norge

Im Jahre 1928 fährt Giuseppe Guzzi mit einem neuen Modell (großes Bild) nach Norwegen und hinauf bis zum Polarkreis, um dessen Fernreisetauglichkeit zu demonstrieren. Die Maschine wird daraufhin »Norge« (norwegisch für Norwegen) genannt. Zugleich erinnert die Namenswahl an Umberto Nobile, der 1926 mit einem Luftschiff zum Nordpol flog, sodass die große Begeisterung jener Jahre für die Polarerkundung als Werbung für die eigenen Produkte genutzt werden konnte.

Die Hinterradfederung wurde von Moto Guzzi schon 1928 im Serienbau eingeführt – kein anderer Hersteller hatte sie im Programm! Damals wurde seltsamerweise angenommen, sie sorge für ein wackeliges Fahrverhalten und sei daher gefährlich. Die von Carlos Bruder Giuseppe entworfene Konstruktion war jedoch sehr zweckdienlich und genau an den Rahmen angepasst. Giuseppe war ein Weltenbummler und echter Kilometerfresser; er bereiste ganz Europa mit Motorrädern, die seinen Namen trugen. Eine bittere Erfahrung ließ die Idee zum gefederten Hinterrad Gestalt annehmen: eine Panne in den Karpaten – 1925 vom Comer See genauso weit entfernt wie der Mond. Teile des Rahmenhecks hatten sich gelöst, sodass Giuseppe die Reste mit Gummibändern zusammenflicken musste. So »gefedert« gelangte er nicht nur heil nach Italien zurück, sondern fuhr auch ungewohnt komfortabel – unverzüglich begann er mit der Konstruktion eines Rahmens für ein vorne und hinten gefedertes Reisemotorrad. 1928 wurde die erste GT (Grand Tourismo) mit gefedertem Hinterrad fertig. Die Konstruktion mutet heute ungewöhnlich an: Unter dem Motor lagen zwei Federn, die mittels durch sie hindurch geführter Zugstangen und einer Dreieckschwinge beim Einfedern zusammengepresst wurden. Der Federweg betrug 11 cm, die Dämpfung erledigten (wie auch an der Trapezgabel) einstellbare Reibdämpfer. Die äußerst solide Konstruktion wies einen großen Nachteil auf: Die GT wog gegenüber dem ansonsten baugleichen Sportmodell 47 kg mehr und kam so auf 200 kg Leergewicht. Mit 13,5 PS Motorleistung waren damit kaum 100 km/h Höchstgeschwindigkeit drin.

Auch eine werbewirksam durchgezogene Fernreise bis zum Polarkreis und der entsprechende Beiname »Norge« konnten nicht verhindern, dass von der schweren

Der Kampf um die Kunden

Zwischen den beiden Weltkriegen sprachen Auto und Motorrad die gleiche wirtschaftlich erfolgreiche Kundschaft an, hier ein Fiat Balilla. Nach 1945 begann der Wiederaufbau mit billigen Kleinmotorrädern. Dann tauchten Kleinwagen auf, die kaum teurer waren als ein Motorrad, und der Markt brach zusammen. Der Boom ab 1970 war dann den deutlich besseren ökonomischen Bedingungen zu verdanken – man konnte sich nun Auto und Motorrad zusammen leisten!

Gran Tourismo 16

Das neue Tourenmodell mit deutlich stärkerem 19 PS-Motor, später als GTW mit 22 PS. Die Rennmaschine GTC Gran Tourismo Corse sollte sogar beeindruckende 29 PS mobilisieren.

und langsamen Maschine in drei Jahren nur ganze 320 Modelle verkauft werden konnten. Auch das Nachfolgemodell GT 16 mit dem stärkeren Motor der Sport 15 sollte erfolglos bleiben, wogegen diese leichte und schnelle Maschine selbst mit 6000 verkauften Exemplaren die erfolgreichste Guzzi der 1930er-Jahre wurde.

Beide Maschinen waren die ersten Guzzis mit dem noch heute üblichen Satteltank, der oben auf dem Hauptrahmenrohr auflag, statt wie bisher darunter eingesteckt zu sein. Die verchromten Tankseiten trugen dazu bei, dass die Maschinen optisch modern und bereits im Stand schnell wirkten.

Klein, aber oho!

1932 trat Guzzi in der damals steuerfreien 175 cm³-Klasse an. Die P 175 (P für Piccolo) ähnelte optisch stark ihren größeren Geschwistern.

Die ersten Siege

In den 1920er-Jahren waren Rennen für alle Automobil- und Motorradhersteller unverzichtbar. Neben den erzielten Geschwindigkeiten galt es vor allem, die Zuverlässigkeit der eigenen Fahrzeuge zu beweisen. Zunächst fanden die Rennen auf öffentlichen Straßen statt, meistens zwischen zwei Städten. Mailand-Neapel, Targa Floria auf Sizilien und die Rundkurse von Piave und Lario sind teilweise noch heute bekannt. Später kamen dann spezielle Rennstrecken hinzu – Monza wurde beispielsweise 1922 eingeweiht. Carlo Guzzi sträubte sich zunächst, seine Motorräder bei Rennen antreten zu lassen, doch bereits ab 1921 fuhren Privatfahrer mit Guzzis Rennen, und das Werk zog 1924 mit einer eigenen Rennabteilung nach – die erzielten Rennerfolge waren vielversprechend.

So starteten 1921 der erfahrene Rennfahrer Mario Cavedini sowie der rennbegeisterte Politiker Aldo Finzi beim Langstreckenrennen Mailand-Neapel und belegten nach der materialmordenden Fahrt die Plätze 20 und 22. Dies war ein erster Hinweis auf die erreichte Zuverlässigkeit, und bereits einen Monat darauf gewann Aldos Bruder Gino die Targa Floria – nicht schlecht für ein Werk, das noch kein Jahr bestand und erst zehn Arbeiter beschäftigte. Schon damals war Carlo Agostini – »Moretto« genannt – dabei, der die Rennmaschinen vorbereitete und sich oftmals als rettender Engel für die Fahrer erwies. 1922 und 1923 setzte sich die Siegesserie fort, allerdings erkannte Carlo Guzzi, dass das erste aus der Normale heraus entwickelte Rennmodell namens C2V dringend verbessert werden musste, um gegen die wachsende Konkurrenz auf schnelleren Kursen bestehen zu können. Er besann sich auf seinen Prototypen und entwickelte den Typ C4V mit allen sportlichen Details der ursprünglichen GP: vier im Kopf hängende Ventile mit offenen Haarnadelfedern sowie eine per Königswelle angetriebene obenliegende Nockenwelle. Ein gegabelter Ansaugkrümmer verband den englischen Amal-Vergaser mit den zwei Einlasskanälen, jeder Auslasskanal besaß einen eigenen Auspuff. Für eine Verdichtung von 6 : 1 benötigte das Triebwerk Spezialbenzin und erreichte beachtliche 22 PS. Mit lediglich 130 kg Leergewicht war diese erste echte Renn-Guzzi zudem sehr leicht. Sofort wurden Rennen gewonnen. Auf dem Lario-Rundkurs vor den Toren Mandellos gewann Pietro Ghersi, und die Plätze zwei und vier gingen ebenfalls an Guzzi. Der Höhepunkt kam bei der Europameisterschaft im September in Monza: 400 km Vollgas. Moto Guzzi tritt mit drei Maschinen an. Der frühere Frera-Fahrer Guido Mentasti gewinnt mit 130 km/h Durchschnittsgeschwindigkeit und fährt mit 136,2 km/h zudem die schnellste Runde. Zwei Jahre später wird er bei einem Unfall tödlich verletzt. Erminio Visiolo wird Zweiter und Pietro Ghersi Vierter, sodass

Europameister

Nach dem Gewinn der Europameisterschaft in Monza am 7. September 1924 auf Moto Guzzi C4V: Carlo Guzzi, Guido Mentasti und Angelo Parodi (Giorgios Bruder) sind stolz auf ihren Erfolg. Die C4V erzeugte mit einem Benzin/Benzol-Kraftstoffgemisch 22 PS und wog nur 130 kg. Mentasti gewann mit unglaublichen 130 km/h Durchschnittsgeschwindigkeit.

Boxenstopp

Carlo Guzzi (mit Mütze) beobachtet den Rennfahrer Guido Mentasti beim Nachtanken, während ihm ein Mechaniker einen Kaffee reicht. So wird man Europameister!

Guido Mentasti

Der Fahrer auf seiner von jedem unnützen Ballast befreiten Guzzi C4V, mit der er 1924 Europameister wurde (oben). Links die C4V aus dem Werksmuseum. Mit dem Handschalthebel am Tank wurde das Dreiganggetriebe betätigt. Oben auf dem Benzintank ist der Öltank montiert.

Guzzis Triumph komplett ist. Einen großartigen Erfolg bedeutet es auch, dass erstmals ein italienisches Motorrad die bis dahin stets führenden englischen Maschinen besiegt.

Die englische Vorherrschaft fällt

Ab 1930 suchte Carlo Guzzi neue technische Lösungen für seine Rennmotorräder. Der erfolgreichste Weg schien in der Aufteilung des Hubraums auf zwei Zylinder zu liegen, weil sich dadurch höhere Drehzahlen und so mehr Leistung erzielen ließen. Allerdings zeigte sich in der Folge, dass viele andere Teile des Motorrades mit der Leistungsexplosion nicht mithielten: Reifen, Rahmen und Bremsen waren überfordert, denn das Gewicht wuchs beträchtlich an. Die richtige Ausgewogenheit zu finden, wurde oft zum Glücksspiel. Carlo Guzzi setzte alles auf eine Karte und konstruierte einen liegenden Vierzylindermotor mit Kompressor-Aufladung. Er verzichtete auf Wasserkühlung, verbesserte aber das Schmiersystem und montierte einen Ölkühler. Die Leistung stimmte: 45 PS. Aber nur mäßig verrippt zeigte sich das Triebwerk sehr anfällig für Überhitzung. Darüber hinaus blieb beim Fahrwerk alles beim Alten – es war mit dem aus Rohren und Gussteilen gebauten Rahmen sowie der Trapezgabel aus der Sport 14 schlicht völlig veraltet. Da kam es auf das alte, handgeschaltete Dreiganggetriebe auch nicht mehr an. Das schwer zu fahrende und schlecht zu wartende Motorrad sollte nie ein Rennen bestreiten. Carlo Guzzi hatte gezeigt, dass er auch Vierzylindermaschinen bauen konnte, aber für sein neues Halbliter-Rennmotorrad wählte er einen anderen Weg: Er baute einen V2-Motor, bei dem viele vorhandene und bewährte Teile des Viertelliter-Rennmotors verwendet werden konnten. Dem üblichen liegenden Zylinder wur-

Jimmy Guthrie

Der Mehrfach-Sieger der Tourist-Trophy verlor 1935 nach grandioser Aufholjagd gegen den von Moto Guzzi angeheuerten Spitzenfahrer Stanley Woods. Guthrie starb zwei Jahre später beim Großen Preis von Deutschland.

de ein zweiter hinzugefügt, der um 30° nach hinten geneigt war, sodass ein Zylinderwinkel von 120° entstand und die Bauhöhe reduziert werden konnte.

Das Jahr 1933 wurde so zum ersten der am längsten eingesetzten und erfolgreichsten Guzzi-Rennmaschine überhaupt – der 500er-Zweizylinder mit 44 PS Leistung und nur 135 kg Gewicht. Stanley Woods sollte 1935 damit die Senior-TT gewinnen. Der 1905 in Dublin geborene Woods war vielleicht der beste Fahrer der 1930er-Jahre. Er war bereits Trial, Geländesport und Speedway gefahren, bevor er auf Straßenrennkursen fast unschlagbar wurde. Seine Karriere begann er mit 17 Jahren, er fuhr 1925 seine erste Tourist-Trophy. Dabei brach an seiner Royal Enfield zunächst der halbe Lenker weg, sodass er mit der verbliebenen Hälfte weiterfahren musste. Dann brach der Gasgriff, sodass er den Gaszug mit der Hand bedienen musste. Erst die Rennleitung stoppte ihn schließlich. 1926 fuhr er für Norton erstmals eine TT-Rekordrunde, im folgenden Jahr fiel er nach einer erneuten Rekordrunde mit Kupplungsschaden aus. Es waren schwere Jahre für Norton, denn Rudge-Motorräder waren einfach zu schnell. Erst 1931 war Norton wieder voll da, sodass Woods einschließlich der TT fast alles gewinnen konnte. Dann kam die Trennung: Woods wollte sich Nortons Stallregie nicht beugen und suchte nach Alternativen. 1935 heuerte er bei Moto Guzzi an und wollte die TT auf einem italienischen Motorrad fahren. Keine leichte Aufgabe, denn es galt den ebenfalls mehrfachen TT-Sieger Andrew James (genannt Jimmy) Guthrie auf der Norton zu besiegen. Vom Start des Rennens an ging Guthrie in Führung und hatte in der dritten Runde bereits eine Minute Vorsprung. Er fuhr eine Rekordrunde und hatte den Sieg bereits vor Augen. Doch Woods ließ nicht locker, seine Guzzi lief wie ein Uhrwerk, und die Aufholjagd begann. In der letzten Runde erreichte er Guthrie schließlich, überholte ihn und gewann mit vier Sekunden Vorsprung! 1936 fuhr Woods für DKW, deren Maschine sich allerdings als sehr unzuverlässig erwies. 1937 startete er für Velocette und wurde Zweiter. Im Jahr darauf gewann er mit der zuverlässigen Velocette die Junior-TT (350 cm³) und wurde bei den 500ern Zweiter. 1939 wiederholte er dieses Ergebnis, wurde allerdings von Schorsch Meier auf der Kompressor-BMW klar geschlagen. Erst 1957 kehrte Woods zur TT zurück, um seine alten Erfolge zu feiern – und wieder saß er auf einer Guzzi. Woods war der erfolgreichste Fahrer auf der Isle of Man, bis in den 1960er-Jahren der unglaubliche Mike Hailwood noch mehr TT-Rennen gewann.

Doppelsieg 1935

Ein glücklicher Stanley Woods nimmt nach seinem Sieg mit der 250er-Guzzi Glückwünsche entgegen. Wenige Tage später wiederholte er den Triumph bei den 500ern denkbar knapp mit vier Sekunden Vorsprung vor seinem alten Rivalen Jimmy Guthrie. Nicht zuletzt gewannen die Guzzis durch ihre hervorragenden Fahrwerke mit gefedertem Hinterrad – späte Früchte für eine zunächst ungeliebte Neuerung.

Die zehn TT-Siege des Stanley Woods

1923	Junior 350 cm³ (Cotton)
1926	Senior 500 cm³ (Norton)
1932	Junior 350 cm³ (Norton)
1932	Senior 500 cm³ (Norton)
1933	Junior 350 cm³ (Norton)
1933	Senior 500 cm³ (Norton)
1935	Lightweight 250 cm³ (Guzzi)
1935	Senior 500 cm³ (Guzzi)
1938	Junior 350 cm³ (Velocette)
1939	Junior 350 cm³ (Velocette)

Carlo Guzzis Meisterstück

Die 500er-Zweizylinder-Rennmaschine war vielleicht Carlo Guzzis beste Konstruktion. Sie gewann über fast 20 Jahre Rennen – immer wieder modernisiert und verbessert, bis 1951. Nach dem Desaster mit dem Vierzylinder hatte diese Maschine die Einzylinder ersetzt. Carlo Guzzi hatte sich auf seine Prinzipien besonnen und das erfolgreiche Einzylinder-Rennmodell optimal verdoppelt. Die Anordnung als V-Motor ließ das Motorrad schlank wie ein Einzylindermodell sein, und der weite Zylinderwinkel von 120° ermöglichte beste Kühlung.
Die Trockensumpfschmierung mit doppelter Ölpumpe blieb wie gehabt, der Rahmen aus Dreiecksverbänden ähnelte dem der 250er. Die Gabel stammte vom englischen Hersteller Brampton. Die erste Version der Zweizylindermaschine aus dem Jahre 1933 gab 44 PS bei 7000 U/min ab, was für eine Höchstgeschwindigkeit von 190 km/h reichte.

Englische Vorderradführung

In der ersten Version kam eine britische Brampton-Trapezgabel mit kleinen Reibungsdämpfern zum Einsatz – eine damals weitverbreitete Bauweise.

Halbnabenbremsen

Die Drahtspeichenräder mit Aluminiumfelgen hatten vorne einen Durchmesser von 21 Zoll, hinten waren es 20 Zoll. Große Halbnabenbremsen in beiden Rädern sorgten für gute Verzögerung.

Einstellbares Fahrwerk

Für Stanley Woods' Siegermotorrad wurde 1935 ein Hebelsystem entwickelt, um während der Fahrt die Hinterradfederung einstellen und auf verschiedene Streckenabschnitte abstimmen zu können. Mit einem Hebel unter dem Tank konnte der Fahrer die Federvorspannung einstellen. Das Ergebnis wurde »Teleferica« (Schwebebahn) genannt.

1933–1951

Öltank

Traditionell montierte man bei Guzzi den Öltank huckepack auf den Benzintank. Durch das große Volumen und die exponierte Lage war eine gute Ölkühlung sichergestellt.

120°-V2-Motor

Die vorteilhafte schlanke Silhouette machte keinen Unterschied zum Einzylindermotor. Vorne gab es die übliche radiale Verrippung, wogegen beim hinteren Zylinder die umlaufenden Rippen dem Luftstrom angepasst wurden. Die Kurbelwelle trug natürlich die obligatorische außen angebrachte Schwungscheibe. Der Motor mit seiner gekröpften Kurbelwelle und der aufwendigen Königswellensteuerung war und ist ein technischer Leckerbissen erster Klasse!

Das Herz der Maschine

Bohrung und Kolbenhub des Motors von jeweils 68 mm wurden vom 250er-Triebwerk übernommen. Die im Kopf liegenden Nockenwellen wurden von zwei Königswellen und Kegelrädern angetrieben. Zylinder und Köpfe bestanden aus Gusseisen.

Hinterradfederung

Das Hinterrad wurde erst 1935 gefedert aufgehängt. Die Federn lagen dabei unter dem Motor und wurden beim Einfedern über durch sie hindurch geführte Zugstangen komprimiert. Einstellbare Scheren-Reibungsdämpfer erledigten die Dämpfung.

Der verwegene Tenni

Zum Gedenken

Die Omobono Tenni (28.6.1905 bis 1.7.1948) gewidmete Bronzestatue wurde anlässlich seines Todes beim Training zum Grand Prix der Schweiz im Berner Bremgarten aufgestellt. Sie befindet sich heute im Guzzi-Werk in Mandello.

Nach jedem Rennen sagte er: »Schön, dass ich gewonnen habe – beim nächsten Mal mache ich es noch besser. Auf Wiedersehen.« Schwarze Augen, dichte Augenbrauen, große Nase – Omobono Tenni war ein einfacher Mann und begann wie so viele andere als Mechaniker, um dann unter größten Schwierigkeiten Rennfahrer zu werden. Wie der berühmte Tazio Nuvolari gab er niemals auf, bevor er nicht alles versucht hatte. Wenn er in die Box kam, wurden die Mechaniker nervös, weil Tenni sehr laut werden konnte. Der große Sprung nach vorne kam mit Moto Guzzi, deren Konstrukteuren er bis zum Schluss treu blieb. Nach zahlreichen Siegen in Italien und Europa kam am 1. Juli 1948 plötzlich das Ende. Beginnen wir die Erinnerung an ihn mit diesem Tag.

»Bern am Abend des 1. Juli. Der erste Trainingstag zum Grand Prix der Schweiz auf dem Bremgarten-Kurs bei Bern wurde überschattet von zwei furchtbaren Unfällen, die vor allem Italien betroffen machen, da das Land zwei Rennfahrer verliert. Achille Varzi, unbesiegter Champion unzähliger Rennen stirbt in seinem Alfa Romeo. Nur wenige Stunden zuvor verstarb ein anderer, der vielleicht beste Motorradrennfahrer Italiens – Omobono Tenni – beim Training mit seiner 250er-Moto Guzzi. Beide Unfälle hinterlassen Veranstalter und Konkurrenten sprachlos. Ursache der Unfälle war die völlig verregnete Piste als Folge der sintflutartigen Regenfälle, die seit drei Tagen auf die Schweiz niedergehen. Tennis Sturz ereignete sich in den frühen Morgenstunden. In der Eymatt-Kurve verlor er die Kontrolle über seine Guzzi, stürzte, rutschte von der Piste und prallte gegen einen Baum. Er war sofort tot. Auch Varzi verlor aufgrund der nassen Fahrbahn die Kontrolle über seinen Alfa, Rettungsversuche erwiesen sich als sinnlos – er starb mit zerbrochenem Rückgrat (...). Omobono Tenni war furchtlos und verwegen. Wenn seine Maschine durchhielt, bestand nie Zweifel daran, dass er selbst es auch tun würde. Der in Sondrio geborene Fahrer wurde lediglich 43 Jahre alt. In den Jahren 1934, 1935 und 1947 war er Italienischer Meister in der 500er-Klasse. 1938 stellte er mit einer aufgeladenen 250er-Moto Guzzi mit 180 gefahrenen Kilometern einen neuen Stundenweltrekord auf.

Im Jahre 1937 gewann er das berühmteste Motorradrennen der Welt – die Tourist-Trophy auf der Isle of Man. 1948 fiel er dort nach dem Erreichen der schnellsten Runde mit Motorschaden aus. Er war zweifellos der populärste Rennfahrer Italiens, und seine Bescheidenheit stand seinem sprichwörtlichen Mut in nichts nach. Mensch und Maschine bildeten im Rennen eine Einheit – ein moderner Zentaur. Der Tod hatte ihm am 16. Mai beim Grand Prix in Genf noch einen Aufschub gegeben,

als er bei einem Unfall noch einmal davongekommen war. Aber Tenni scherte sich nicht um Aufschübe. Er nahm jede Herausforderung an, und er überwand alle Grenzen.«

Dieser Text stand am Tag nach Tennis Tod im Corriere della Sera. Ironie des Schicksals blieb, dass der Unfall nicht beim Rennen, sondern im Training stattfand, das eigentlich dazu gedacht ist, die Strecke kennenzulernen und die Maschine abzustimmen, aber nicht, um mit vollem Risiko auf Zeit zu fahren. Tenni war einfach zu ungestüm unterwegs auf der unsicheren Piste, die wie alle Rennstrecken ihrer Zeit von Bäumen und anderen Hindernissen gesäumt war und über keinerlei Auslaufzonen verfügte. Bei hohem Tempo von der Strecke abzukommen bedeutete den sicheren Tod. Der Corriere della Sera vergleicht Tenni mit Tazio Nuvolari – beide waren aggressiv und waghalsig. Der ebenfalls verunglückte Achille Varzi war hingegen anders: schnell, aber immer berechnend; normalerweise überforderte er sich und seinen Wagen nie.

Tenni hielt sich selbst für ungestüm. Am Tag nach seinem ersten italienischen Meistertitel in der Halbliterklasse teilte er der Presse die folgende Stellungnahme mit, in der auch der erwartete politische Aspekt mitschwang: »Ich glaube, es gelang noch niemandem, Meister zu werden, der nur an fünf von acht Rennen teilnahm. Den größten Anteil an meinem Titelgewinn hat jedoch mein Motorrad, das damit der gesamten Industrie Italiens ein gutes Zeugnis ausstellt. Schließlich braucht der faschistische Motorsport (sic!) ein

Der Besessene

Der Sieg auf der Isle of Man im Jahre 1937 mit der 250er-Guzzi war Omobono Tennis außergewöhnlichste Leistung. Er war als erster nicht von den britischen Inseln stammender Fahrer Sieger bei einem TT-Rennen. Laut Kommentar eines englischen Reporters fuhr Tenni für jeden Zuschauer gut sichtbar völlig entfesselt, und er frage sich, aus wie vielen Teilen er im Ziel wohl bestehen würde, falls er es überhaupt erreichen sollte.

Fahrzeug, das schnell und zuverlässig genug ist, um im Wettstreit mit den besten englischen und deutschen Motorrädern in der anspruchsvollsten und am härtesten umkämpften Klasse zu bestehen und mit diesen auf Augenhöhe um den Sieg kämpfen zu können. Mein wichtigster Sieg war der von Rom im Rennen mit starker internationaler Beteiligung. Rennfahrer und Firmenvertreter aus ganz Europa waren versammelt und ich war seit einiger Zeit vom Pech verfolgt. Mit diesem Sieg konnte ich beweisen, dass ich nicht so verrückt bin wie alle meinen … Bis dahin war ich in den Augen der Öffentlichkeit der Fahrer mit dem größten Mut, der aber nie ins Ziel käme, weil er zu ungestüm sei. Sie vergaßen dabei aber, dass meine Konkurrenten über bessere Motorräder verfügten und ich bei jedem Rennen vor der Wahl stand, diese Überlegenheit hinzunehmen oder alles zu versuchen, um die Mängel meines Motorrades auszugleichen. Dieses Jahr trat ich erstmals nicht mit dem Wissen um meine Unterlegenheit an, und so konnte ich zeigen, dass Tenni auch als Sieger ins Ziel kommen kann.«

So erklärte Tenni also seinen Fahrstil. Aber war seine Guzzi tatsächlich so unterlegen? Die zahlreichen Siege der Briten mit ihren Nortons und Velocettes in den 1930er-Jahren belegten tatsächlich eine erschreckende Überlegenheit über die Guzzi-Rennmaschinen. Diese siegten selten und immer unerwartet. Gewinne waren meistens den verwegenen Fahrern geschuldet, die viel riskierten, um zum Erfolg zu kommen. Um damals eine Norton international besiegen zu können, mussten auch die Deutschen auf BMW-Maschinen den Erfolg eher erzwingen, als dass sie ihn herausfahren konnten.

Um die aufgeladene BMW mit ihrem abrupten Leistungseinsatz bändigen zu können, brauchten Georg

Der schwarze Teufel

Schon bei seinem ersten Rennen auf der Isle of Man im Jahre 1935 erhielt Omobono Tenni von der britischen Presse diesen Spitznamen. Bereits damals war er der Schnellste, und nur ein Unfall im Nebel kostete ihn in der vierten von sieben Runden den Sieg. 1937 war er wieder da, wurde im Training Schnellster, und lag beim Rennen sofort in Führung, bevor ihn eine defekte Zündkerze auf den zweiten Rang zurückwarf. In der vierten Runde hatte er sich wieder nach vorne gekämpft und gewann mit der Guzzi vor Stanley Woods auf Excelsior das Rennen der Lightweight-Klasse.

Kompressor

Omobono Tenni stellte auch 18 Geschwindigkeitsweltrekorde auf. Seine Maschine war die 250er-Guzzi mit Kompressor – »Gerolamo« genannt, deren Leistung durch die Aufladung von 25 auf fast 40 PS bei 8000 U/min angestiegen war. Am 28. November 1938 fuhr er in Monza unter anderem einen neuen Stundenrekord mit damals unglaublichen 180,5 Kilometern.

Meier und die anderen Fahrer nicht nur Mut, sondern auch ein gehöriges Maß an Kraft und Ausdauer. Auch bei ihnen gab es viele Unfälle – sowohl im Training als auch beim Rennen. Die Motorräder waren extrem schnell geworden – oft zu schnell für die Fahrwerke und Bremsen, deren Entwicklung mit denen der Motoren nicht Schritt halten konnte; die meisten Ausfälle waren jedoch auf die völlig überforderten Reifen zurückzuführen.

Bei Moto Guzzi versuchte man stets, die Motorräder auf gerade Streckenabschnitte abzustimmen, um in den Kurven verloren gegangene Zeiten wieder aufzuholen – so konnten die seitlichen Belastungen und Querkräfte auf die Reifen-Karkasse möglichst gering gehalten werden. Hierbei zeigten sich die wahren Könner, die ihre Reifen in den Kurvenein- und -ausgängen schonten und auf den Geraden beherzt Gas gaben, sowie im Kurvenscheitelpunkt maximale Schräglage bei zurückgenommener Motorleistung erreichten. Tenni war der Meinung, nur mit harter Fahrweise die Überlegenheit der englischen Motorräder ausgleichen zu können, aber er musste mit den Folgen leben: mehr als 60 Stürze, lädierte Knie und Schultern, zahllose Nägel in den Armen und unzählige Rippenbrüche. Am linken Fuß fehlten ihm zwei Zehen. Seine größten Erfolge erzielte er mit der 250er bei der Lightweight-TT, wo er als erster Fahrer vom Kontinent ganz oben auf dem Podest stehen konnte. Tenni fuhr so wild und entfesselt, dass ihn die britische Presse nur noch den »Schwarzen Teufel« nannte.

Bei der Abfahrt nach England bat ihn sein Freund Bruno Bozzolo um eine Nachricht, falls er siegen sollte. Tenni hielt Wort und beauftragte nach dem Rennen seinen Mechaniker »Moretto«, ein Telegramm nach Italien zu schicken. Es lautete: »Ich habe gewonnen – Omobono«. Tenni stand nicht gerne im Rampenlicht, doch wollte das faschistische Italien seinen Helden feiern. Bozzolo organisierte ein Fest in Treviso, wo Tenni am Bahnhof von einer jubelnden Menge erwartet wurde. Als er am Abend endlich zu Hause war, sagte Tenni zu Bozzolo: »Erlaube dir nie wieder einen so schlechten Scherz mit mir!« Es folgte ein dermaßen heftiger Fluch, dass dieser ihn niemals wiederholen wollte.

Ruffo – Glück und Können

Bruno Ruffo stammte wie Omobono Tenni aus Venetien. Seine Karriere war relativ kurz: Nach acht Jahren und drei WM-Titeln hatte er zwei schwere Unfälle und machte Schluss, um einen langen Ruhestand zu genießen. Wie Tenni atmete er schon als Kind in der Werkstatt seines Vaters den Geruch von Motoren ein. Mit einer Miller bestritt er als Siebzehnjähriger sein erstes Rennen. Als Italien 1940 an der Seite Deutschlands in den Krieg eintrat, wurde er zum Militär eingezogen. Er nahm am Einmarsch in die Sowjetunion teil und war einer der wenigen, die nach Italien zurückkehrten. Bereits 1946 konnte Ruffo an der Italienischen Meisterschaft teilnehmen. Es war ihm gelungen, eine alte, aber zuverlässige und sehr schnelle Guzzi Albatros zu ergattern, und er startete als Privatfahrer. Die Maschine war ursprünglich mit einem Kompressor ausgerüstet gewesen, doch die neuen Regeln verboten Aufladung und Spezialkraftstoffe. Den ersten Sieg errang er noch 1946 in Mantova, es folgten weitere neun Podestplätze, und am Ende des Jahres war er Italienischer Meister. 1947 und 1948 setzten er und seine Albatros die Siegesserie fort, bei seinem ersten internationalen Rennen in Faenza konnte er ebenfalls alle Gegner besiegen. Nun konnte ihn das Moto Guzzi-Werk nicht mehr länger ignorieren, und 1949 wurde er Werksfahrer für das Team aus Mandello.

Ruffo und die Guzzi hatten starke Gegner: Dario Ambrosini war kurz zuvor zu Benelli gewechselt, und in Pesaro hatte man die schnellen Vorkriegsmaschinen noch einmal deutlich verbessern können. Auch Guzzi schickte ein neues Modell namens »Gambalunghino« (Langhuberchen) ins Rennen. Zur Weltmeisterschaft zählten nur vier Läufe: die TT, der Schweizer Grand Prix in Genf, der Ulster-GP und der Grand Prix der Nationen in Monza. Zur TT erschienen weder Guzzi noch Benelli – vermutlich aus Geldmangel. Ruffo gewann in Genf überlegen und wurde in Nordirland (hinter dem Engländer Maurice Cann auf einer weiteren Guzzi) Zweiter. Ambrosini auf Benelli gewann das letzte Rennen in Monza zwar überlegen, doch Ruffo reichte ein vierter Platz aus, um mit fünf Punkten Vorsprung erster Weltmeister der Viertelliterklasse zu werden.

Die Benelli hatte sich als sehr schnell erwiesen, und bei Guzzi brauchte man ein ganzes Jahr, um ein neues Modell zu entwickeln. Ruffo blieb beim Mandello-Team, erreichte allerdings lediglich einen zweiten Platz in Genf und wurde in der WM weit abgeschlagen Dritter (der Ulster-GP-Sieger Cann konnte auf Guzzi Vizeweltmeister werden). Ambrosini holte mit drei Siegen und einem zweiten Rang unangefochten den WM-Titel für Benelli. In der 125er-Klasse konnte Ruffo mit einer Mondial sowohl Weltmeister wie auch Italienischer Meister werden. Am 4. September 1950 fuhr Ruffo zusammen mit Gianni Leoni auf dem Rennkurs von Montlhéry bei Paris eine Reihe von Geschwindigkeitsweltrekorden mit kleinen Guzzis (75 und 125 cm³).

Schiebstart

Bruno Ruffo (9.12.1920 bis 10.2.2007) schiebt seine Guzzi an. Es ist der Start zum wichtigsten Langstreckenrennen Italiens von Mailand nach Tarent. Bis in die 1970er-Jahre wurden Straßenrennen mit dem Anschieben der Motorräder begonnen. Dabei wurde der zweite Gang eingelegt, mit gezogener Kupplung holte man Schwung, sprang in den Sattel und ließ die Kupplung kommen. Mit etwas Glück sprang der Motor beim ersten Mal an.

Nur acht Jahre

Bruno Ruffo und seine Guzzi Gambalunghino. Er wurde dreimal Weltmeister, dreimal Italienischer Meister und stellte 81 Weltrekorde auf.

1951 war Guzzi beim Kampf um den Titel der 250 cm^3-WM wieder konkurrenzfähig. Es wurden fünf Spitzenfahrer verpflichtet. Neben Ruffo waren dies sein Landsmann Enrico Lorenzetti sowie die Briten Fergus Anderson, Tommy Woods und Maurice Cann. Auch Leoni startete mit einer Guzzi. Der neue Rivale war der alte: Dorio Ambrosini mit der schnellen Benelli. Dieser gewann im schweizerischen Bremgarten und wurde bei der TT Zweiter. Er schien erneut unbesiegbar. Doch dann stürzte Ambrosini beim Training zum Grand Prix von Frankreich und war sofort tot. Die Benelli war ohne Fahrer. Ruffo gewann vor Woods die Weltmeisterschaft.

Im folgenden Jahr sollte Ruffo seinem Teamkollegen Lorenzetti den Weg zur Weltmeisterschaft ebnen – ein etwas seltsamer Loyalitätsbeweis. Auf der Isle of Man fuhr Ruffo die schnellste Runde, ließ dann aber Lorenzetti passieren und beendete das Rennen mehr am Bremshebel ziehend als am Gasgriff drehend als Sechster. Lorenzetti wurde hinter Fergus Anderson (ebenfalls auf Guzzi) Zweiter. Beim Grand Prix auf der Solitude sollte das Spiel wiederholt werden, doch diese Strategie erwies sich als fatal, denn Lorenzetti kollidierte mit Ruffo und beide stürzten. Ruffo kam mit einem Beinbruch davon, doch nur Lorenzetti konnte bei den verbleibenden Rennen wieder starten, wurde in Ulster Zweiter und in Monza Sieger, und holte den WM-Titel. Ruffos Glück schien sich verabschiedet zu haben, und die Saison 1953 wurde seine letzte. Er begann stark und gewann bei den Läufen zur Italienischen Meisterschaft in Siracusa und Mestre. Beim ersten WM-Lauf auf der Isle of Man ließ jedoch der Nebel seine Brille beschlagen, und als er sie zu reinigen versuchte, fuhr er gegen einen Telegrafenmast und zog sich zahlreiche Knochenbrüche zu. Danach entschied er, seine Rennfahrerkarriere zu beenden.

Ehrung

Im Jahre 2003 verlieh Staatspräsident Ciampi fünf italienischen Motorradweltmeistern den Staatsorden und ernannte sie zu »Commendatoren«. Neben Bruno Ruffo wurden Giacomo Agostini, Pier Paolo Bianchi, Eugenio Lazzarini und Carlo Ubbiali ausgezeichnet.

Bruno Ruffos Weltmeistertitel

1949	250 cm^3 (Moto Guzzi)
1950	125 cm^3 (Mondial)
1951	250 cm^3 (Moto Guzzi)

Die Besten ihrer Zeit

Ganze 15 Jahre benötigten die Bayerischen Motorenwerke, um zum Hersteller der schnellsten und zuverlässigsten Motorräder der Welt zu werden. Ursprünglich wurden Flugmotoren gebaut, später kamen Automobile hinzu – allen gemeinsam waren die hervorragenden Eigenschaften, die auch die Motorräder auszeichneten. 1923 wurde auf dem Pariser Automobilsalon das erste von Max Friz entworfene Motorrad gezeigt: die R 32. Zwar wurden bereits seit Längerem seitengesteuerte Boxermotoren an Victoria in Nürnberg geliefert, doch waren diese (wie auch beim »Erfinder« Douglas) quer eingebaut, sodass der hintere Zylinder schlecht gekühlt war. Friz drehte den Motor, sodass beide Zylinder seitlich herausragten und gut im Wind lagen. Hieraus ergab sich fast zwingend, dass das Getriebe direkt angeblockt und das Hinterrad mittels Kardanwelle angetrieben wurde und auf die seinerzeit sehr anfälligen Ketten verzichtet werden konnte. Das Konzept war so erfolgreich, dass BMW den größten Teil seiner Motorräder noch heute so baut. Bereits 1924 entstand unter Rudolf Schleicher in der Versuchsabteilung der erste Sportmotor mit im Kopf hängenden Ventilen, der mit 16 PS fast doppelt so stark war wie der SV-Motor der R 32 und der in die R 37 eingebaut wurde. Wie in Italien galt auch in Deutschland, dass es ohne Rennsiege keine Verkaufserfolge gab. Franz Bieber fuhr die R 37 und wurde erster deutscher Motorradmeister. Ab 1928 wuchs der Hubraum auf 750 cm³, sodass der Seitenventiler

Harte Konkurrenz

Die Norton International mit Königswellensteuerung war eine der schnellsten Maschinen ihrer Klasse und galt bei Rennen als praktisch unschlagbar (oben rechts). Die Triumph Speed Twin von 1939 galt als sehr sportliches Straßenmotorrad (oben). Die Moto Guzzi Condor war ein Halbliter-Rennmodell für Privatfahrer. In Italien war sie deutlich preiswerter zu haben als ausländische Sportmotorräder (rechts).

(R 62) 18 PS und das OHV-Triebwerk (R 63) sogar 24 PS leisteten. Und das Werk in München wollte zeigen, dass man mit den Briten und Italienern gleichziehen konnte: Ab 1929 wurden zahlreiche Geschwindigkeitsweltrekorde aufgestellt – es galt, die von Bert Le Vack mit einer 1000er-Brough Superior erreichten 206,4 km/h zu überbieten. Ernst Henne gelang es schließlich, eine 750er-BMW auf erstaunliche 216,75 km/h zu beschleunigen.

Die Weltwirtschaftskrise von 1929 traf Deutschland mit voller Härte. Um zu überleben, musste auch BMW kleinere und preiswerte Motorräder bauen, die auf halbierten und anschließend gedrehten Boxermotoren basierten. Mit der Machtübernahme der Nationalsozialisten begann für die deutsche Fahrzeugindustrie eine goldene Ära, denn Erfolge auf der Rennstrecke wurden in der Propaganda zur Überlegenheit deutscher Technik an sich umgemünzt. Massive staatliche Unterstützungen machten die silbernen Boliden der Auto Union und von Mercedes unschlagbar. 1937 erreichte Ernst Henne schließlich mit einer (per Kompressor) aufgeladenen und vollverkleideten 500er-BMW unglaubliche 279,5 km/h.

Der am meisten beachtete Einzelerfolg fand kurz vor Beginn des Zweiten Weltkrieges statt: Georg »Schorsch« Meier war 1938 auf einer aufgeladenen 500er-BMW, deren Fahrwerk vom Fahrer alles forderte, deren Motor dann aber wieder alles zu einem Sieg Notwendige bot, zunächst Europameister geworden. Norton- und Guzzi-Einzylindern ging im wahrsten Sinne des Wortes die Puste aus, denn sie waren ohne Kompressor unterwegs. Jetzt war BMW bereit, die Briten auch auf ihrem eigenen Territorium zu schlagen – bei der TT 1939 auf der Isle of Man, dem schwersten Motorradrennen der Welt. Norton hatte bereits zehn Mal gewonnen, und auch Guzzi war schon öfter für eine Überraschung gut gewesen, doch diesmal hatten sie keine Chance: BMW holte mit Meier und Jock West den Doppelsieg. Das Motorrad war seinen Konkurrenten deutlich überlegen: Es leistete 55 PS gegenüber 42 PS der Norton, war zudem noch 20 kg leichter als diese, und war als einziges im Startfeld mit einer Teleskopgabel ausgerüstet. Die 1934 eingeführte Geradewegfederung am Heck war zwar schon fast wieder veraltet, doch manche Maschinen hatten zu dieser Zeit noch Starrrahmen! Vor BMW konnte lediglich Moto Guzzi (1935 mit Stanley Woods) eine Senior-TT gegen die englische Konkurrenz gewinnen.

Der drei Monate später ausgebrochene Zweite Weltkrieg beendete alle internationalen Wettbewerbe, und aus Konkurrenten wurden Feinde. Nach Kriegsende galten neue Regeln, nach denen Kompressoren verboten waren und Deutschland zunächst (bis 1951) aus internationalen Wettbewerben ausgeschlossen wurde. England konnte seine Vorherrschaft aus Vorkriegstagen noch für einige Jahre halten, doch die Konkurrenz aus Italien (Guzzi, Gilera, MV Agusta und andere) sowie Deutschland (vor allem NSU) wurde immer stärker, bis ab den 1960er-Jahren die Japaner das Feld aufrollten.

Georg »Schorsch« Meier

Die 500er-Kompressor-BMW fliegt im Juni 1939 zusammen mit ihrem Piloten regelrecht zum ersten Sieg eines ausländischen Fahrers mit einer nicht-britischen Maschine bei der Senior-TT.

Das Motorrad im Krieg

Motorkarren mit Flak

Die »Motocarri« von Guzzi wurden vielfältig eingesetzt – hier als mobile Flugabwehr. Es handelt sich offensichtlich um ein Propagandabild, denn der Junge im Hintergrund hält eine Leinwand fest.

Die schnellen deutschen Siege 1939 und 1940 gegen Polen und Frankreich beruhten auf dem koordinierten Angriff schneller Bodentruppen und der Luftwaffe. Nun erlebte die Welt die dunkle Seite der Geschwindigkeit – was gestern noch individuellen Gewinn bedeutete, bedrohte nun Millionen. Als 1940 der Krieg für Deutschland schon fast gewonnen schien, beteiligte sich auch Italien – der Traum von der Erneuerung des Imperium Romanum war übermächtig, und die Gegner schienen leicht besiegbar. Mussolini verfügte scheinbar über einen den Gegnern mindestens gleichwertigen Militärapparat, doch Italiens Streitmacht erwies sich als Papiertiger. Die Industrialisierung des Landes lag weit hinter der Deutschlands und Englands zurück – ganz zu schweigen von den Möglichkeiten der USA. Für einen langen Krieg fehlte es an allem, und so wurde die gesamte Wirtschaft auf Kriegsproduktion umgestellt. Für die Motorradhersteller bedeutete dies, dass keine Maschinen für Zivilisten mehr gebaut und vorhandene Modelle militärtauglich modifiziert wurden. Schwerpunkte dieser Maßnahmen waren Standardisierung und Vereinfachung; Zuverlässigkeit und Wartungsarmut waren oberste Gebote. Darüber hinaus bauten fast alle Hersteller sogenannte Motorkarren an – Dreiräder, die vorne ein Motorrad und hinten ein Lastwagen mit Ladepritsche waren. Im Gegensatz zu Deutschland, wo Beiwagengespanne eine große Rolle spielten, setzte das italienische Militär fast ausschließlich auf Solomaschinen. Das einzige Gespann stammte von Gilera, doch es war zu schwer und untermotorisiert und damit völlig unbrauchbar. Immerhin erwiesen sich die Motorräder beim Bewegungskrieg in Nordafrika als durchaus nützliche

Bewaffnete Motorräder

Motorräder bewährten sich beim Militär, wenn Geschwindigkeit und Beweglichkeit gefordert waren – als Melde- und Aufklärungskräder. Alle Versuche mit Bewaffnung waren erfolglos und beraubten die Maschinen all ihrer guten Eigenschaften. Auch die Motorkarren erwiesen sich letztendlich militärisch als völlig nutzlos.

Meldekräder, um die Verbindung zwischen den sich schnell verschiebenden Truppenteilen sicherzustellen. Die Motorräder waren in der Regel ohne Bewaffnung, lediglich auf den wenigen Beiwagen war ein vom Beifahrer zu bedienendes Maschinengewehr montiert. Moto Guzzis Militärmodell war eine leicht modifizierte GT und hieß »Alce« (Elch). Durch die zurückgenommene Leistung war die Maschine sehr zuverlässig, und es wurden über 7000 Exemplare ausgeliefert. Es gab zahlreiche Versuche, aus dem Motorrad einen Waffenträger zu machen (siehe Abbildungen). Die Montage eines Maschinengewehrs auf dem Tank erwies sich als blanker Unsinn; lediglich die Unterschenkel des Fahrers wurden durch stabile Beinschilde geschützt. Besser verwendbar war der aus der Alce entwickelte Motorkarren – »Trialce« genannt. Die kleine Ladefläche war eine gute Plattform für ein MG oder eine Flak. Die Trialce ließ sich leicht zerlegen und per Fallschirm aus dem Flugzeug abwerfen. Es entstanden zahlreiche weitere Versionen, darunter eine gepanzerte und ein Fahrzeug mit Kettenantrieb für die Gebirgstruppen. Als der Krieg 1945 endlich zu Ende war, hatte Moto Guzzi gegenüber den anderen Motorradherstellern einen großen Vorteil: Das Werk war unzerstört geblieben, wogegen z. B. Benelli in Pesaro zunächst sehr stark beschädigt und anschließend demontiert wurde. In Mandello dagegen startete man unverzüglich in den Wiederaufbau – mit Kleinmotorrädern für die große Masse und schnellen, großen Maschinen für diejenigen, die es sich leisten konnten.

Die Deutschen und ihre Gespanne

Anders als das italienische Heer, das sich mit einigen schweren und lahmen »Marte« von Gilera herumplagen musste, setzte die Deutsche Wehrmacht Gespanne in großer Zahl ein. Bis heute legendär sind die BMW R 75 und ihr Gegenstück von Zündapp, die K 75. Beide Maschinen waren von Anfang an als Gespann konzipiert, das heißt solo gar nicht fahrbar. Mit angetriebenem Beiwagen, Differenzial- und Vorgelegegetrieben waren sie sehr teure Spezialfahrzeuge.

5 GIUGNO 1949 - LECCO - MANDELLO DEL LARIO
RADUNO INTERNAZIONALE MOTOLEGGERE Guzzi "65"
12660 motoleggere "65" con
14257 radunisti provenienti da ogni regione d'Italia e dalla Spagna, Francia, Svizzera, Austria ed Argentina.
UN PRIMATO ECCEZIONALE NEL MONDO
– per numero di partecipanti;
– per numero di veicoli;
– per numero di motomezzi di una sola marca;
– per numero di motomezzi di un solo tipo e cilindrata
Regolarmente omologato dalla C.T.N. della F.M.

Die erstaunliche Wiedergeburt

Parodis Leistung: technischer Fortschritt und soziale Verantwortung.

Goldene Zeiten für die Rennabteilung: unzählige Geschwindigkeitsrekorde und Weltmeisterschaften.

Die große Guzzi: Warum die Falcone zur begehrtesten Guzzi wurde.

Der Krieg war zu Ende, und alle Italiener wollten möglichst schnell wieder ein ziviles Leben führen. Zunächst mobilisierten Fahrräder mit Hilfsmotoren die Massen. Die Arbeiter fuhren mit dem Mosquito (einem Reibrollen-Hilfsmotor von Garelli) in die Fabrik, doch bald durfte es auch etwas mehr sein. Moto Guzzi bot die Guzzino an, ein vollwertiges Kleinmotorrad – zudem standen modernisierte Varianten der letzten Vorkriegsmaschinen bereit – die 250er-Airone (Reiher) und die 500er-Falcone (Falke). Auch im internationalen Renngeschehen stellten sich mit neuen Modellen unverzüglich neue Erfolge ein. Zehn goldene Jahre sollten daraus werden – bis 1957 die Katastrophe kam …

Die wunderbaren Fünfzigerjahre

Titelseite des Sonderdrucks anlässlich des ersten Treffens von Fahrern des Leichtmotorrades Guzzi 65 am 5. Juli 1949 (Seite 34).

Bei Kriegsende befindet sich das Werk an den Ufern des Comer Sees in einer relativ glücklichen Lage. Trotz seiner Militärgüterproduktion ist es nie bombardiert oder angegriffen worden. Die Umstellung von Kriegs- auf Zivilprodukte bereitete keine großen Schwierigkeiten, denn es waren nur Motorräder produziert worden. Der Krieg hatte große Schäden im Land hinterlassen. Straßen, Bahnlinien und die gesamte Infrastruktur hatten gelitten. Die erste Anforderung an den Frieden wurde die Wiederherstellung der Verbindungswege und der Neuaufbau des Transportwesens. Der erste Schritt zur Mobilisierung der Menschen war ein am Fahrrad angebrachter Hilfsmotor, wie er von zahlreichen Herstellern angeboten wurde. Das erfolgreichste dieser Motörchen war der Mosquito von Garelli – ein kleiner Zweitakter mit 38 cm³ Hubraum. Er wurde am Tretlager befestigt und trieb das Hinterrad über eine Reibrolle an. Auch wenn man noch nicht von einer vollwertigen Motorisierung sprechen konnte, so ersparten diese »Micromotori« oft das lästige Treten der Pedale oder unterstützten den Fahrer am Berg. Mit ihren günstigen Preisen überschwemmten sie bald das ganze Land. Bekannte Modelle waren auch das Viertaktmodell Cucciolo (Hündchen) von Ducati, der Alpino, die Gazelle, der Leone, der Sirio und der Minimotor.

Guzzi wächst

Ein Modell des Guzzi-Werks, wie es 1948 aussah (unten).

Guzzi-Präsident Enrico Parodi zeichnet 1952 seine erfolgreichsten Fahrer aus. Ihm gegenüber der Italienische Meister Alano Montanari, rechts davon Fergus Anderson, Weltmeister in der 350er-Klasse (oben).

Auch bei Guzzi entwarf man einen 38 cm³-Hilfsmotor mit Reibrolle, Colibri genannt. Er sollte zwischen Sattel und Hinterrad sitzen und seine Rolle mittels eines langen Hebels gegen den Reifen gedrückt werden. Trotz ausgiebiger Tests wurde jedoch entschieden, die Serienproduktion nicht zu beginnen. Eine so renommierte Firma sollte etwas Besseres anbieten – ein echtes Motorrad, wenn auch mit wenig Hubraum, so doch mit mehr Leistung und Komfort als ein motorisiertes Fahrrad. Das Fahrzeug sollte einen bequemen Sattel, eine Federung und ein Getriebe aufweisen. Blieb man unter 125 cm³, so wurde kein Führerschein benötigt und es mussten keine Steuern bezahlt werden.

Im Frühjahr 1946 präsentierte man bei Guzzi das »Guzzino« mit 65 cm³-Zweitaktmotor, Brückenrahmen, einer Trapezgabel aus Pressblech, einer Hinterradfederung, 26 Zoll großen Rädern und einem handgeschalteten Dreiganggetriebe, das Ganze in schönem Rot lackiert und mit schwarzen und goldenen Streifen verziert.

Werbung mit Rennerfolgen

Auf der Motorradmesse 1957 in Mailand steht das 350er-Weltmeistermotorrad von Keith Campbell zwischen der Lodola Sport mit 11 PS und 120 km/h Höchstgeschwindigkeit (links) und der Cardellino 75 in der Luxusversion mit 2,6 PS und 60 km/h Höchstgeschwindigkeit (rechts).

Das Fahrzeug wog lediglich 45 kg – auch dank des komplett aus Aluminium bestehenden Motors, der 2 PS leistete, damit 50 km/h erreichte und dabei nur zwei Liter Benzingemisch (1 : 20) auf 100 km verbrauchte. Die Getrieberäder wiesen einen permanenten Eingriff auf, sodass sich die Gänge schnell und präzise wechseln ließen. Auch wenn die Maschine doppelt so viel wie ein motorisiertes Fahrrad kostete, wurde sie sofort zu einem überwältigenden Erfolg. Nur leicht modifiziert blieb das Guzzino bis 1954 im Programm, um vom Cardellino (Stieglitz) abgelöst zu werden.

Siegeszug des Kleinwagens

In ganz Europa hatte der zunehmende Wohlstand Auswirkungen auf die Massenmotorisierung. Fiat hatte in Italien bereits 70 % Marktanteil und wurde der führende Kleinwagenhersteller. Der Topolino (hier die erste Ausführung von 1936) und später der 500 waren der Traum der ganzen Familie. Zwar kostete ein Auto zwanzig Monatslöhne eines Arbeiters, dennoch wurden Kleinwagen ein durchschlagender Erfolg.

Das Motorrad für alle

Um eine Vorstellung von der immensen Popularität der Guzzino zu bekommen, sei an das vom Werk organisierte erste Guzzino-Treffen erinnert: 1949 reisten 14 000 Besitzer mit ihren Maschinen nach Mandello und genossen einen Tag am Comer See. Lärm und Abgase von 12 000 Zweitaktmotoren dürften allerdings sowohl die Ruhe wie auch die Aussicht etwas beeinträchtigt haben!

1954 erhielt Guzzis Leichtmotorrad einen rahmenfesten hinteren Kotflügel und zwei Federbeine, um technisch auf der Höhe der Zeit zu bleiben.

Begehrte Fahrzeuge

Die letzte Version der Cardellino aus den Jahren 1962 bis 1965. Mit 2,9 PS aus 83 cm³ Hubraum erreichte die Maschine 65 km/h Höchstgeschwindigkeit (oben).

Die Zigolo 98 mit Blechpressrahmen. 1959 wurde der Hubraum auf 110 cm³ vergrößert. Die Maschine blieb bis 1966 im Angebot (rechts).

Zahlreiche weitere Verbesserungen – darunter eine Vergrößerung des Motors auf 83 cm³ Hubraum und 3,3 PS Leistung – erforderten auch einen neuen Namen: Cardellino. Trotz stetig geringer werdender Nachfrage wurde die Maschine bis 1965 angeboten.

In den 1960er-Jahren hatten sich die Käuferwünsche geändert. Kleinmotorräder wie die Guzzino und Cardellino waren einfach nicht mehr zeitgemäß. Moto Guzzi wurde zum Giganten auf tönernen Füßen, zögerte mit einer Neuentwicklung für die populäre 175 cm³-Klasse, und fällte dann nach einer Marktstudie – der ersten in der Werksgeschichte – eine falsche Entscheidung. Das neue Modell Lodola (Lerche) erhielt einen 175 cm³-Viertaktmotor mit kettengetriebener obenliegender Nockenwelle. Der Zylinder war nicht mehr liegend, sondern um 45° nach vorne geneigt angeordnet. Eine moderne Konstruktion, aber leider nicht ohne Probleme.

Der Entwurf, die Erprobung und die Einrichtung der Montagelinie verschlangen viel Geld, und der erwartete Erfolg stellte sich nicht ein. Die Lodola sollte das letzte von Carlo Guzzi entworfene Motorrad werden, kurz darauf gab er die technische Leitung der Firma ab.

Unverwüstlich

Die Guzzino – hier die Variante von 1949 mit verstärkter Hinterradfederung und Hupe unter dem Tank – war sparsam und zuverlässig. Der Motor lief mit einem Zweitaktgemisch von 1:20.

Eine Fabrik mit menschlichem Antlitz

Handarbeit im Guzzi-Werk

Ein Arbeiter lackiert einen Zigolo-Rahmen aus Pressblech. Ein Großteil aller Arbeiten wurde von Hand ausgeführt. Penible Qualitätskontrollen waren ein wichtiger Grund für Moto Guzzis langjährige Erfolge.

Moto Guzzi war in den 1950er-Jahren – der Zeit der wirtschaftlichen Erholung – ein Aushängeschild für die Leistungsfähigkeit des italienischen Maschinenbaus. Es arbeiteten nicht nur 1500 Personen im Werk, sondern unter dem Management der Parodi-Brüder entstanden auch zahlreiche Zulieferbetriebe in und um Mandello herum. An der Ostseite des Lago di Como drehte sich alles um Moto Guzzi, die Werksleitung legte großen Wert auf freundschaftlichen Umgang mit den Gewerkschaften und auf gutes Betriebsklima. Neben einem guten und sicheren Lohn gab es darüber hinausgehende soziale Unterstützung. Guzzi stand für einen sozialverträglichen Kapitalismus, wie er typisch für Norditaliens Industriegürtel war, dessen bedeutendster Protagonist Adriano Olivetti war, der in seiner Büromaschinenfabrik beispielsweise als erster eine Betreuung für die Kinder der Mitarbeiter eingeführt hatte.

Moto Guzzi ließ Arbeitersiedlungen entstehen und vermietete die solide gebauten Heime zu Vorzugskonditionen an die Beschäftigten – 144 Familien fanden so ein neues Zuhause. Mit Werksunterstützung entstanden Kinderhorte und Schulen, darüber hinaus gab es eine Kantine, eine Bibliothek und ärztliche Betreuung. Guzzi zahlte die medizinische Versorgung und stellte seinen Mitarbeitern Darlehen zur Verfügung. Weihnachten gab es für alle einen Präsentkorb im Wert von 5000 Lire. Jedes Jahr konnten 250 Kinder der Angestellten den Sommer in Ferienlagern verbringen, der werkseigene Laden stand allen Einwohnern der Stadt offen. Bei Guzzi dachte man so: Verdienen unsere Arbeiter mehr als andere, so werden auch die Preise in den Läden steigen, also werden diejenigen ins Hintertreffen geraten, die weniger verdienen. Bieten wir im Werksverkauf Waren zu fairen Preisen für alle an, so sta-

bilisiert sich das Preisniveau und unsere Konkurrenz verhindert überzogene Preise.

Auch im Freizeitbereich engagierte sich das Werk: Es gab einen Basketballklub und Radrennfahrer, am berühmtesten war jedoch die Ruderschule. Rudern war an den Seen Oberitaliens extrem populär, und Guzzi stellte das Bootshaus, die Boote samt Ausrüstung und Instruktoren. Der Ruderbetrieb erreichte bald nationales Niveau, echte Rudersportler traten bei, und es bildeten sich Mannschaften, die an Olympischen Spielen und nationalen Meisterschaften teilnahmen.

Möglich machte all dies die hervorragend organisierte und verwaltete Motorradproduktion. Mehr als 30 000 Motorräder wurden jährlich gebaut, und nur BSA in England lieferte noch mehr Maschinen aus, sodass man hier stolz verkünden konnte, man biete »The most popular Motorcycle in the World« an.

Während Tausende Guzzinis das Werk verließen und immerwährenden Erfolg suggerierten, begann sich der italienische Motorradmarkt rapide zu verändern. Im Werk bemerkte man dies viel zu spät und reagierte zu langsam. Besonders belastend war dabei, dass Guzzi-Motorräder fast ausschließlich in Italien verkauft wurden – ganz im Gegensatz zu BSA, die international agierten und einen Großteil ihrer Produktion in die USA exportierten. Guzzi hatte keinen internationalen Vertrieb. Die Maschinen waren zwar wegen ihrer Rennerfolge überall berühmt, doch kaufen konnte man sie außerhalb Italiens nicht. Bald gingen die Inlandsverkäufe drastisch zurück, und das Werk geriet in Schwierigkeiten.

Eine durchrationalisierte Fabrik

Eine Montagelinie im Werk. Verglichen mit anderen Motorradfabriken wurden hier die Maschinen wirklich industriell hergestellt. Auf der vorderen Linie werden Stornellos produziert, dahinter laufen Zigolos vom Band (ganz oben).
Das Zeichenbüro der Entwicklungsabteilung. Die Ingenieure trugen als Berufskleidung schwarze Mäntel (oben).

Arbeiterhaus

Solche Häuser ließ Guzzi für seine Beschäftigten bauen. Insgesamt entstanden 45 Einheiten mit 144 Wohnungen und 624 Zimmern. Das Werksbild stammt aus den 1950er-Jahren – so erklärt sich auch die rote Zigolo vor dem Tor.

Rennboot

Ein seltenes Farbfoto des Renn-Vierers mit Steuermann. Die Werksruderer von Moto Guzzi holten 1956 Olympisches Gold für Italien – entsprechend sind die Riemenblätter lackiert (rechte Seite).

Der erste Schlag kam – politisch gewollt – von Fiat in Form des Cinquecento. Das kleine Auto bot Platz für vier Leute und konnte bequem in Monatsraten abbezahlt werden. Der Wagen wurde zum Traum aller Familien und zum Alptraum aller Motorradhersteller. Warum sollte man sich eine Falcone kaufen, wenn man zum gleichen Preis dieses Auto bekam?

Sinkende Gewinne forderten Konsequenzen. 1957 stellte Guzzi (und viele andere italienische Hersteller) den Rennbetrieb ein und schloss die Werksrennabteilung – bis heute für viele ein Trauma!

1959 erfolgte der zweite Schlag in Form der neuen Straßenverkehrsordnung. Die Regierung begann, die chaotischen Zustände auf Italiens Straßen zu ordnen und gab dabei dem Autoverkehr deutlich den Vorzug. Bei Autos wurden kleine Hubräume steuerfrei, bei Motorrädern dagegen der Führerschein und die Versicherungspflicht eingeführt. Italien war zu jener Zeit noch nicht sehr weit entwickelt, es herrschte verbreitet Analphabetismus, und 60 % der Führerschein-Prüflinge fielen durch. Somit war absehbar, dass der Siegeszug des Automobils nicht mehr aufzuhalten war. Der Motorradfahrer verliert auch in der öffentlichen Wahrnehmung – eben noch ein romantischer Held, wird er plötzlich, je nach Gusto, zum armen Schlucker oder zum wahnsinnigen Raser und potenziellen Krüppel.

Bei Moto Guzzi herrscht plötzlich weder Bedarf an den beiden Kraftwerken, noch an dem viel zu hohen Personalbestand. Einzig Mopeds bleiben gefragt. Zwar dürfen sie mit maximal 1,5 PS auf höchstens 40 km/h beschleunigt werden, doch sie dürfen bereits mit 14 Jahren bewegt, müssen nicht versichert und nur gering versteuert werden. Bei Moto Guzzi reagierte man jedoch viel zu spät – es gab kein Moped im Angebot!

Airone und Falcone

Die Airone

Das Bild rechts zeigt die Airone von 1940. Das Rahmenmittelteil aus Pressblech lässt das Vorkriegsmodell erkennen, denn ab 1947 wurde der Rahmen aus Rohren verschweißt. Zugleich wurde nach dem Krieg die (ebenfalls aus Pressblech bestehende) Trapezgabel durch eine Telegabel ersetzt. Ab 1948 wurde der aus Gusseisen bestehende Zylinder samt Kopf aus Aluminium gefertigt. Das letzte Modell erreichte in der Sportausführung mit 13,5 PS eine Höchstgeschwindigkeit von 120 km/h.

Nach 1945 wurde auch die Herstellung echter Motorräder wieder aufgenommen. Die 250er hieß Airone (Reiher), die 500er wurde zunächst GTV genannt, beide waren weiterentwickelte Vorkriegsmaschinen. 1948 kam die Astore (Habicht) hinzu – das letzte Tourenmodell dieser Konzeption. Am erfolgreichsten wurde die Airone, die bis 1957 fast 27 000-mal produziert wurde, darunter auch für das Militär. Kein anderes Motorrad der Viertelliterklasse war auch nur annähernd so erfolgreich. Die Airone ähnelte stark ihrer großen Schwester, 1947 wurde ihr Fahrwerk mit einer Telegabel und hydraulischen Stoßdämpfern hinten grundlegend modernisiert; 1948 wurden Zylinder und Kopf aus Aluminium gefertigt und die Ventilfedern ins Kipphebelgehäuse integriert. Die Leistung begann mit 9,5 PS, schließlich waren es 12 PS, beim Sportmodell sogar 13,5.

Auf dem Genfer Salon 1950 sorgte Moto Guzzi für eine Überraschung, indem zwei neue Modelle gezeigt wurden, die unterschiedlicher nicht sein konnten: der Motorroller Galletto (kleiner Hahn) und die Falcone (Falke) 500, die zur Guzzi der 1950er-Jahre werden sollte: sportlich, absolut zuverlässig und mit einer begeisternden Straßenlage. Sie hatte alles, was eine Guzzi ausmachte: einen liegenden Zylinder mit Radialverrippung, das große freiliegende Schwungrad – und mit ihrem modernen und sportlichen Design ließ sie alle Kritik an der Formgebung aus Vorkriegstagen verstummen. Die Maschine war leicht zu starten, hatte einen Leerlauf wie ein Traktor, verbrauchte lediglich 4 Liter Benzin auf 100 km und schien einmal in Fahrt niemals wieder anhalten zu wollen. Bei gleicher Leistung war sie etwas langsamer und nicht ganz so spritzig wie ihre große Rivalin Gilera Saturno. Teilweise lag dies am Getriebe, das trotz Überarbeitung nur langsam und geräuschvoll zu schalten war. Dafür verlangte die Guzzi weniger Wartung und erreichte hohe Reise-Durchschnittszeiten – überhitzte und verölte Motoren waren bei vielen anderen Motorrädern zu dieser Zeit eher die Regel als die Ausnahme. Die Falcone war mit 170 kg nicht gerade leicht, erreichte 135 km/h Höchstgeschwindigkeit und bot mit den neuen Federelementen großen Fahrkomfort.

Neben dem Kampf um Marktanteile gegen direkte Konkurrenten müssen Airone und Falcone auch gegen den Fortschritt kämpfen. Kleinere, aber modernere Motorräder sind bald gleich schnell oder gar schneller und dabei zum Teil deutlich preiswerter.

Begeisternde Engländerinnen

In den 1950er-Jahren war England die weltweit führende Motorradnation. BSA, Norton, AJS, Triumph, Royal Enfield, Matchless, Velocette, Vincent und viele andere Hersteller lieferten hervorragende Sportmotorräder mit Ein- und Zweizylindermotoren. Konzentrierte man sich in Italien auf die kleinen Hubräume, so lieferte England größere Maschinen mit deutlich mehr Leistung. Triumph vergrößerte die bereits sehr schnelle 500er-Speed Twin auf 650 cm³ und nannte sie Thunderbird. Marlon Brando fuhr in »The Wild One« eine solche Maschine. Kein Motorrad aus Italien bot solche Fahrleistungen. Doch in den 1960er-Jahren begann auch in England die Krise, denn gleichzeitig ließen die Nachfrage nach und die Konkurrenz aus Japan wurde stärker. Viele Hersteller gaben auf, andere versuchten es mit Zusammenschlüssen (die Matchless G 15 CSR hatte beispielsweise den Motor und die Gabel einer Norton), doch blieben auch diese erfolglos.

Verkaufsschlager

Bereits 1939 entwickelt und ab 1945 produziert, war die Airone bis 1957 mit über 27 000 Exemplaren die meistverkaufte 250er der 1950er-Jahre.

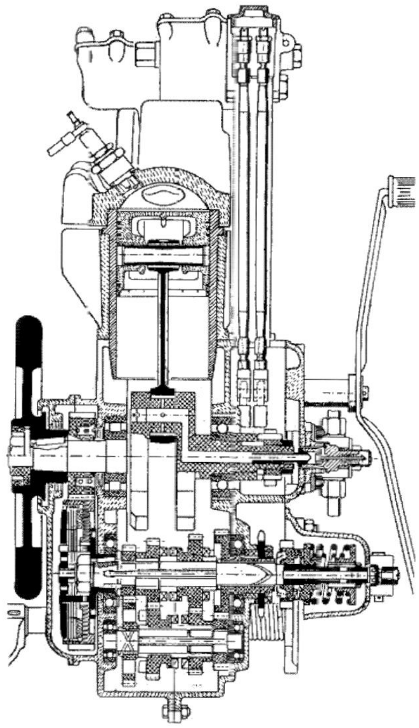

Es lebe die Einfachheit

Längs- und Querschnitt durch den Airone-Motor. Anfangs entwickelte er 9,5 PS bei 4800 U/min, sodass er das Fahrzeug auf 95 km/h beschleunigen konnte.

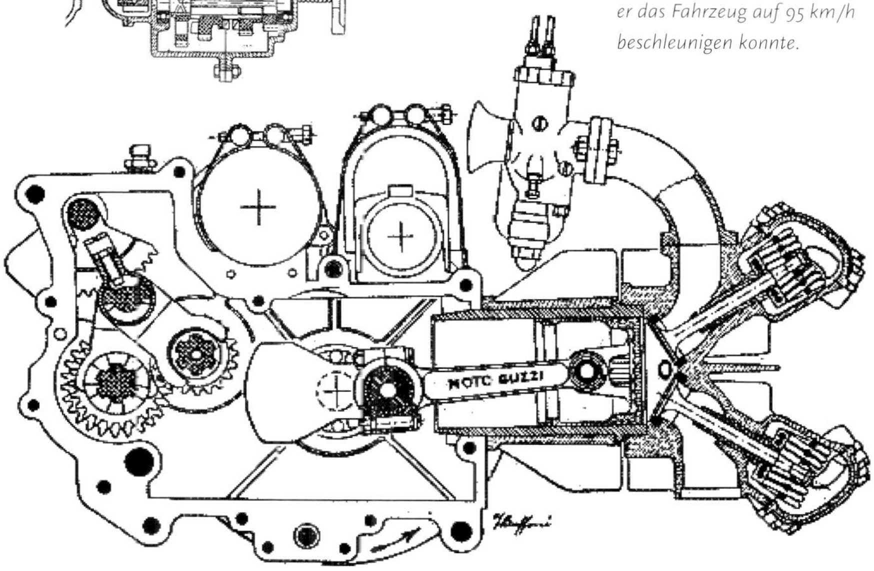

In den 1950er-Jahren ergab sich eine zunehmend paradoxe Situation: Guzzi und Gilera gewinnen Weltmeisterschaften in Serie mit äußerst anspruchsvollen Zwei- und Vierzylindermaschinen (Höhepunkt bleibt die Guzzi V8 von 1956/57), doch von dieser Technik fließt nichts in den Serienbau – die Straßenmotorräder bleiben simple Einzylindermaschinen, die bald keiner mehr kaufen will. Später zeigen sich die Japaner genau hier als lernfähiger: Ein Programm mit vielen verschiedenen Modellen bereitete ihnen den Weg zur Marktführerschaft. Bei Guzzi musste man bis 1965 (und auf eine neue Leitung – die IMI) warten, bis endlich ein modernes, hubraumstarkes Zweizylindermotorrad entstand, das noch vom besten aller Konstrukteure – Giulio Cesaro Carcano – entworfen und dann von seinem Nachfolger Lino Tonti zur Serienreife gebracht wurde.

Die Falcone im Detail

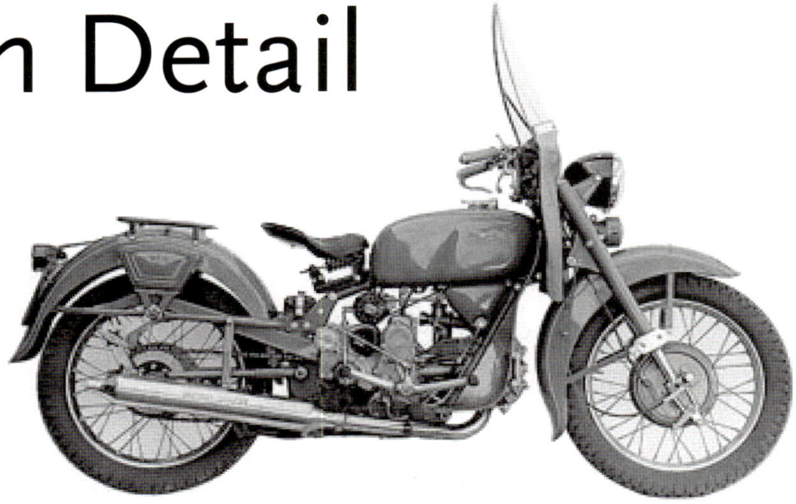

Behördenkrad

Sowohl die italienische Armee wie auch Polizeibehörden nutzten die Falcone. Neben der anderen Farbgebung wurden zahlreiche Sonderwünsche der Behörden berücksichtigt, so verfügte die Version für die Carabinieri über eine Windschutzscheibe, Beinschilde, eine Sirene und ein Funkgerät.

Die 1950 auf dem Genfer Salon vorgestellte Guzzi Falcone vereinte alle Konstruktionsdetails, für die der Name Carlo Guzzi stand. Zehn Jahre lang blieb sie für italienische Motorradfahrer die Traummaschine schlechthin, vergleichbar mit einer 500er-BMW in Deutschland. Sie war nicht die Schnellste – nicht einmal als Sportmodell –, aber absolut zuverlässig. Dank ihres Ventilaushebers war sie trotz des großen Einzelhubraums leicht zu starten, sie bestach durch den niedrigen Leerlauf und ihre Vollgasfestigkeit auch auf längeren Etappen. Ihre hervorragende Straßenlage machte sie auch auf schlechten Straßen schnell. Feuerrot lackiert und mit viel Chrom versehen überzeugte sie sogar optisch. Der Motor war ein echter Blickfang: stark verrippt, mit verchromten Ölleitungen und dem in Rot und Silber gehaltenen Schwungrad. Dazu war sie sparsam im Verbrauch. Einfach ein Traum!

Patentierte Hinterradfederung

Seit den Zeiten der Norge federten Guzzis hinten fast unverändert mit unter dem Motor liegenden Druckfedern und per Handhebel verstellbaren Scheren-Reibdämpfern.

Sport- und Tourenmodell

Die Falcone wurde in zwei Varianten angeboten: als Sport und als Tourismo, letztere mit einem auf 18,9 PS bei 4300 U/min gedrosselten Motor, der gut für 120 km/h war. Die Sport war 15 km/h schneller. Auf der Tourismo saß man bequemer, der Lenker war höher und die Fußrasten weiter vorne angebracht. Während der zehnjährigen Bauzeit wurde fast nichts verändert, die wenigen Modellpflegemaßnahmen betrafen lediglich die Optik. Ab 1952 wurde der leicht veränderte Tank nicht mehr an den Seiten verchromt, sondern schwarz lackiert. Im gleichen Jahr fiel der Handhebel zur Zündverstellung weg.

1950

Das Triebwerk

Einer der stärksten und ganz sicher zuverlässigsten Motorradmotoren seiner Zeit: Aus 6,5 zu 1 verdichteten 498,4 cm³ Hubraum wurden bei 4500 U/min im Sportmodell 23 PS erzeugt, die den Falken auf 135 km/h beschleunigten.

Antreten leicht gemacht

Was wie ein Kupplungshebel aussah, war ein Ventilausheber (der Kupplungshebel saß ganz außen am Lenkerende). Gezogen öffnete er das Auslassventil ein wenig und nahm damit dem Motor die Kompression.

Bestechende Einfachheit

Im Motorgehäuse selbst befanden sich nur die Kurbelwelle und das Getriebe, alles andere war gut von außen zugänglich, darunter selbst die doppelte Ölpumpe für die Trockensumpfschmierung. Gut zu sehen ist der Ventiltrieb mit der untenliegenden Nockenwelle und den langen Stößelstangen.

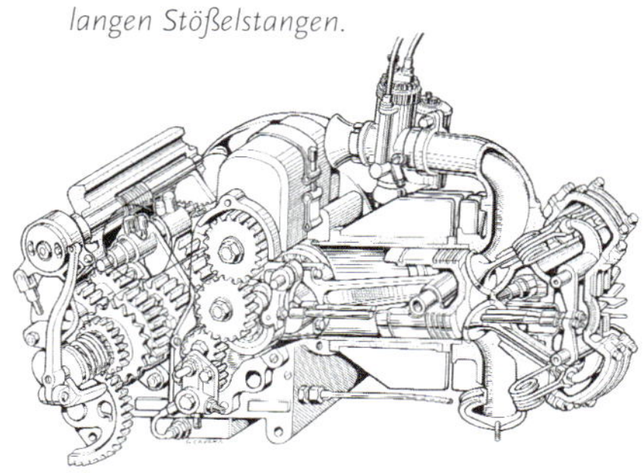

Vom Winde verweht

Wettbewerbsvorteil

Eine Renn-Guzzi mit »Campana-« (Glockenform-) Verkleidung, die das Vorderrad umfasste und weit nach hinten gezogen war. Die aufwendigen Abstimmungsarbeiten im Windkanal waren neben dem geringen Fahrzeuggewicht immer der Garant für die Überlegenheit der Maschinen aus Mandello. Andere Hersteller ohne Windkanal kopierten schnell die Guzzi-Verkleidungen, erreichten deren Güte aber oftmals nicht (bei NSU hießen sie Wal-Verkleidungen, in England wurden sie als »dustbin« (Mülltonne) bezeichnet – wahrscheinlich, weil die Italiener und Deutschen damit schneller waren ...).

Das Jahr 1950 brachte einen weiteren Höhepunkt in der Technikgeschichte Italiens: Moto Guzzi weihte auf dem Werksgelände den ersten Windkanal des Landes ein. Auf der gesamten Welt gab es erst wenige Systeme dieser Art. Der Windkanal diente dazu, speziell die Rennmaschinen aerodynamisch zu optimieren und verwies abermals auf die fliegerischen Wurzeln von Carlo Guzzi und Giorgio Parodi. Die windschlüpfrigen Verkleidungen und Karosserieteile sollten bald zum wichtigsten Garant für hohe Geschwindigkeiten werden. Diese Entwicklung hatte mit den deutschen Rekordwagen der frühen 1930er-Jahre begonnen, denen neben extrem leistungsstarken Motoren vor allem ihre windschnittige Form zu hohem Tempo verhalf. Noch heute begeistern die ersten Silberpfeile von Mercedes und der Auto-Union mit ihrer Torpedoform und den vollverkleideten Rädern. Bald begann man sich auch bei Motorrädern Gedanken zu machen, wie der Luftwiderstand verringert werden konnte. Zunächst zwang man die Fahrer in eine liegende Position, der Sitz wurde über dem Hinterrad und der Lenker tief und weit vorne angebracht. Dann erhielten die Tanks seitliche Einbuchtungen für die Arme des Fahrers. Danach kamen die ersten Vollverkleidungen, die teilweise noch den Tank integrierten. Im Windkanal ließ sich anschließend die tatsächlich gefahrene Geschwindigkeit simulieren. Heute lässt sich mithilfe von Computern und aufwendigen Programmen die Grundform für Pkw und Motorräder bereits vor der eigentlichen Konstruktion festlegen, damals musste man jedoch noch Schritt für Schritt vorgehen, und jede noch so kleinste Veränderung musste mühsam erprobt werden.

Nur ein kurzer Blick auf die Funktionsweise des Windkanals: Ein elektrisch betriebener Propeller saugt Außenluft in den sechs Meter langen Trichter des Windkanals, der sich von 8,2 auf 2,6 Meter Durchmesser verengt. Am Ende des Kanals erreicht die Luft eine Geschwindigkeit von 61 m/s, was einer Fahrzeuggeschwindigkeit von 220 km/h entspricht – mehr als jedes unverkleidete Motorrad zu dieser Zeit erreichen konnte. Der Luftstrom lässt sich vor dem Eintritt in den Messraum mittels senkrechter verstellbarer Leitbleche steuern. Durch die Form des Trichters entstehen nur geringe Turbulenzen. Die Luft strömt linear in den zylindrisch geformten Messraum, der eine Länge von 7,50 Metern und einen Durchmesser von 2,60 Metern aufweist. Das Motorrad wird auf einem Prüfschlitten befestigt, der wiederum ein Waagebalkensystem betätigt, das direkt die Kraft anzeigt, mit der der Wind auf den Versuchsaufbau wirkt.

Die Waage befindet sich direkt unter dem Messraum, hinter dem der ebenfalls trichterförmige Turbinenraum

12

Der große Simulator

Der 1950 neu errichtete Windkanal. Die Eintrittsöffnung hat einen Durchmesser von 8,20 Metern. Ein Elektromotor mit 310 kW Leistung treibt einen Dreiblatt-Propeller an, der die Luft auf 61 m/s (220 km/h) beschleunigt.

folgte. Beim Austritt verliert die Luft 75 % ihrer Geschwindigkeit, ein großer Teil der kinetischen Energie kann so zurückgewonnen werden. Die ganze Anlage besteht aus Stahlbeton, innen sind die Wände geglättet, um Verwirbelungen zu vermeiden und Leistungsverluste zu minimieren. Das Messlabor mit allen Teilen der Anlagensteuerung liegt direkt neben dem Messraum, durch Kristallglas-Fenster können alle Vorgänge im Windkanal beobachtet und fotografiert werden. Unzählige am Motorrad angebrachte Wollfäden zeigen dabei genau den Strömungsverlauf. Bei hohen Geschwindigkeiten bremst der Luftwiderstand ein Fahrzeug weit stärker als alle anderen Faktoren (z. B. der Rollwiderstand), weil er im Quadrat zur Geschwindigkeit anwächst. Nur im Windkanal lässt sich genau ermitteln, welche Verkleidungsform optimal ist, sodass klar ersichtlich wird, welch großen Vorteil sich Moto Guzzi durch den Bau dieser Anlage verschaffen konnte.

Beim zweiten Schritt wird das Fahrzeug samt Fahrer im Windkanal vermessen. Dieser hat eine große beleuchtete Anzeigetafel im Blickfeld, und er kann damit seine Sitzposition so wählen, dass sie so widerstandsarm wie möglich ist. Jeder Fahrer benötigt so unter Umständen seine an die eigene Statur angepasste Verkleidung. Hier lässt sich der grundlegende Unterschied zum Automobil erkennen, bei dem der Fahrer keinen Einfluss auf den Luftwiderstand hat, sodass man mit Modellen und damit in viel kleineren Windkanälen arbeiten kann. Mit einem Motorrad samt Fahrer ist dies nicht möglich.

Ein Ergebnis der Windkanal-Arbeit zeigt, wie viel mit dieser Anlage zu erreichen war: 1952 erreichte die 250er-Gambalunghino mit einer frühen Verkleidung eine Höchstgeschwindigkeit von 180 km/h – die Waage zeigte 40 kg an. 1953 lagen mit einer neuen Verkleidung und nach intensiver Entwicklungsarbeit bei 180 km/h nur noch 35 kg an – was mehr als zehn Prozent Gewinn bedeutete! Trotz gleich starkem Motor wurde die Gambalunghino so deutlich schneller. Ab 1954 traten fast alle Hersteller bei Rennen mit um das Vorderrad geführten und weit nach hinten gezogenen Vollverkleidungen an, teilweise wurde sogar das Hinterrad hinter einer Heckverkleidung versteckt. Auch weil die meisten dieser Verkleidungen nie im Windkanal erprobt wurden, gab es zunehmende Probleme mit Seitenwind und leicht werdenden Vorderrädern, sodass ab 1958 diese Verkleidungsformen verboten wurden und das Vorderrad im Profil vollständig sichtbar bleiben musste. Bis heute ist der Guzzi-Windkanal voll funktionsfähig wird jedoch kaum noch genutzt.

Berühmter Besuch

Das Wunderwerk Windkanal lockt viele Forscher und Wissenschaftler nach Mandello. 1954 begutachtet der Atomphysiker und Nobelpreisträger Enrico Fermi die neuesten elektronischen Messeinrichtungen.

Der Galletto

Die zweite Neuvorstellung des Jahres 1950 zeigte Guzzis eigenständige Interpretation zum Thema Motorroller. Carlo Guzzi wollte die Vorteile des Motorrades (Fahrleistung und Straßenlage) mit denen des Rollers (Schutz vor Witterungseinflüssen, Wendigkeit und Sparsamkeit) verbinden. Sofort sticht der wesentliche Unterschied zur Vespa und Lambretta ins Auge: die großen Räder. Das Fahrzeug sollte sich nicht nur in der Stadt bewähren, sondern auch Überlandfahrten sollten sich bewältigen lassen. Der Galletto hatte ein sehr spezielles Erscheinungsbild: Ein Kastenrahmen aus Blech bildete eine Art Karosserie, deckte das Hinterrad ab und trug oben den Fahrer- und Soziussattel. Vorne schließt ein Beinschild die Karosserie ab, davor wurde ein Reserverad montiert. Unter dem Fahrersattel fanden sich der Öltank der Trockensumpfschmierung und die Batterie. Der Benzintank stand senkrecht vor den Fahrerknien. Die Vorderradführung erledigte eine (entfernt an die Radaufhängung der Gambalunga-Rennmaschine erinnernde) Kurzarmschwinge mit zwei einzelnen Schwingarmen. Das Hinterrad wurde mit einer Einarmschwinge geführt, deren Federn sich oberhalb des Motors befanden. Der Einzylinder-Viertaktmotor mit liegendem Zylinder hatte zunächst einen Hubraum von 150 cm^3, also 25 cm^3 mehr als Vespa und Lambretta, und er sorgte dafür, dass der Galletto genauso schnell wie jedes Kleinmotorrad war. Mit Beginn der Serienfertigung wurde der Hub des Triebwerks etwas verlängert, sodass die Maschine 160 cm^3 hatte.

Aufwendige Bauweise

Das Schnittmodell zeigt den Galletto 160, dessen 6 PS bei 5200 U/min das »Hähnchen« dank Dreiganggetriebe fast 80 km/h schnell machten. Trotz der massiven Erscheinung wog das Fahrzeug dank gekonnten Leichtbaus nur 107 kg.

Erfolgreicher Zwitter

Der Galletto war universell einsetzbar: Links ist Giovanni Guareschi, der Autor von »Don Camillo und Peppone« mit seinem geliebten Galletto zu sehen, rechts ein zeitgenössischer Werbeprospekt.

Bereits 1952 wurde auf 175 cm³ aufgestockt und 1954 wurden es schließlich 192 cm³. Die letzte Ausbaustufe gilt gemeinhin als die beste, sie war trotz höherer Leistung genauso sparsam und zuverlässig wie die Vorgängermodelle. Jetzt verfügte das Fahrzeug sogar über einen elektrischen Anlasser in Form eines Dynastarters, bei dem die Lichtmaschine zum Starten umgeschaltet und so als Motor benutzt wurde. Leider fiel damit auch der Kickstarter weg, sodass bei einer schwachen Batterie nur noch Schieben half; dies war aufgrund der Qualität elektrischer Bauteile der 1950er-Jahre oft der Fall. Auch für den Galletto blieben die 1950er-Jahre das Goldene Zeitalter, dann wurde er ebenfalls vom Kleinwagen verdrängt. 1965 wurde die Fertigung eingestellt, ein Jahr darauf war der letzte Guzzi-Roller verkauft.

Der populäre Motorroller

Der Galletto war ungemein beliebt: In 14 Jahren wurden 71 055 Fahrzeuge gebaut, alleine im Jahre 1953 waren es 10 900 Stück. Später fiel die Jahresproduktion auf etwa 4000 Einheiten ab.

Die große Zeit des Rennsports

Sieger

Ein seltenes Farbfoto aus dem »Goldenen Buch« von 1956 zeigt die beiden Weltmeister auf Moto Guzzi, Bill Lomos und Keith Campbell. Zeittypisch ihre Ausrüstung mit Halbschalenhelm, Rennbrille und schwarzer Lederkombi. Der Helm von Lomos trug die für ihn typische Lackierung.

Nach dem Gewinn aller Straßen-Weltmeisterschaften verkündeten die drei wichtigen italienischen Motorradhersteller Mondial (Weltmeister 125 und 250 cm³), Moto Guzzi (350 cm³) und Gilera (500 cm³) im September 1957 plötzlich, den internationalen Rennbetrieb einzustellen.

Bei Moto Guzzi hieß es, man habe alles gewonnen, was es zu gewinnen gäbe, sodass auf den Werbeeffekt verzichtet werden könne. Tatsächlich standen 14 Weltmeistertitel, elf TT-Siege und 3329 Einzelsiege zu Buche. Dennoch bedeutete die Schließung der Werksrennabteilung das Ende der goldenen Jahre. Eine unglaubliche Siegesserie wurde beendet, für die in der Rennabteilung Jahr für Jahr immer bessere und schnellere Motorräder gebaut worden waren, deren Höhepunkt Giulio Cesar Carcanos Meisterstück, die unglaubliche 500er »Vu Otto« (V8) war.

Die Wahrheit sah zudem ganz anders aus – es fehlte schlicht an Geld! Der Rennbetrieb kostete Guzzi unglaubliche 250 Millionen Lire pro Jahr (was etwa 50 Millionen Euro entspricht), und aufgrund des Kleinwagen-Booms ging der Motorradabsatz dramatisch zurück. Weder bei Guzzi noch bei irgendeinem anderen Motorradhersteller wusste man, wie tief die Verkaufszahlen noch fallen würden. Zeitversetzt lief der Umschwung zum Automobil in allen europäischen Ländern ähnlich ab. Als die Krise nach sehr langer Zeit endlich vorbei war, musste Guzzi von der Regierung gestützt werden, während sich die Familie Parodi aus der Firmenleitung zurückzog.

Seit 1936 bei Guzzi beschäftigt, war Giulio Cesare Carcano rasch Carlo Guzzis rechte Hand und Leiter der Rennabteilung geworden. Er begann vor dem Krieg mit der Albatros, und zeichnete alle erfolgreichen Doppelnocken-Rennmotoren: die Einzylinder und die V8. Carlo »Moretto« Agostini betreute dagegen die Modelle mit einer oben liegenden Nockenwelle.

Die Rennabteilung war sehr leistungsfähig und Carcano sprühte vor Ideen über. Die traditionelle Einzylindermaschine wurde stetig verbessert und blieb lange Zeit konkurrenzfähig. Konzeptbedingte geringe Motorleistung wurde durch Leichtbau und unbedingte Zuverlässigkeit mehr als ausgeglichen. 1951 wurde der V2-Motor aufgegeben – Parodi betrachtete ihn als veraltet und nicht mehr entwicklungsfähig. Die Nachfolgemodelle mit Drei- und Vierzylindermotoren waren Enttäuschungen, und die V8-Maschine war nach nur zwei Jahren noch nicht von allen Kinderkrankheiten kuriert; wenn sie lief, zeigte sie ihr unglaubliches Po-

Startreihe in Monza

1953 standen vier Vierzylinder-Guzzis in der ersten Startreihe in Monza. Diese Modelle hatten einen längs eingebauten Reihenmotor und Kardanantrieb, ein Vierganggetriebe und Gitterrohrrahmen. Sie waren schnell, aber auch schwer und träge, dennoch siegte Lorenetti 1953 in Hockenheim und Fergus Anderson 1954 im belgischen Mettet (links). Die 250er-Doppelnocken-Rennmaschine von 1954 (unten links) und die gut ausgelastete Rennabteilung im Werk (unten rechts).

tenzial, gewann aber selten. 1958 wäre wohl ihr Jahr geworden ...

Nach dem Zweiten Weltkrieg startete Guzzi in der 250er- und der 500er-Klasse. Ab 1953 wurde der Werkseinsatz in der Viertelliterklasse eingestellt, denn die Konkurrenz von NSU, Mondial und MV Agusta mit ihren neuen Motoren war zu stark. Guzzi verlagerte sich auf die 350er-Rennklasse, denn die dort noch vorherrschenden Engländer zu schlagen, bedeutete einen großen Imagegewinn. Neben Carcano arbeiteten auch Enrico Cantoni und Umberto Todero in der Rennabteilung – das legendäre Triumvirat arbeitete mit Hingabe und sehr autonom an den erfolgreichen Rennmotoren. Sie fanden immer Möglichkeiten, ihre

Die überragende 350er

1953 errangen Guzzis 350er einen legendären Dreifach-Sieg in Monza: Lorenzetti gewann vor Anderson und Duilio Agostini. Im gleichen Jahr in Barcelona war die Maschine sogar schneller als die 500er MV-Agusta – Anderson wurde mit der Maschine Weltmeister.
Bill Lomos (Nr. 34) auf der V8 und Keith Campbell mit der 350er (unten).

Pläne zu realisieren und die besten Mitarbeiter zu bekommen; 1957 arbeiteten mehr als 15 Guzzi-Arbeiter für sie.

Basierend auf der Gambalunghio entstanden zunächst 250er, ab 1953 mit zwei oben liegenden Nockenwellen. Dann kam die 350er – zunächst als aufgebohrte 250er mit 317 cm^3 Hubraum. Mit ihrer gewöhnungsbedürftigen Schnabel-Verkleidung degradierte sie bereits im ersten Einsatz in Hockenheim die britische Konkurrenz von Norton und AJS.

Obwohl Guzzis nie die stärksten Motoren hatten, gewannen sie aufgrund geringer Massen, hervorragender Straßenlage und ihrer außergewöhnlich wirkungsvollen Aerodynamik – hier machte sich der werkseigene Windkanal bezahlt, in dem die Rennmaschinen richtig schnell gemacht werden konnten. Die ersten Schnabel-Verkleidungen ließen das Vorderrad noch unverkleidet, durch intensive Versuche fand man schließlich die den gesamten Bug umgreifenden und weit nach hinten ragenden Glockenform-Verkleidungen, die aus dünnem Leichtmetallblech gedengelt wurden – zunächst aus Aluminium, später dann aus Elektron, einer Magnesiumlegierung. Die Formen wurden von allen anderen Herstellern kopiert: Gilera, MV, Mondial sowie NSU und DKW – letztere sollten mit den Dreizylinder-Zwei-

Aerodynamik ist alles

Tief in der Verkleidung liegend fliegen die Guzzi-Piloten dem Ziel entgegen. Ragte der Helm weit über die Windschutzscheibe hinaus, war die Aerodynamik dahin. An dritter Position fährt der an seinem markanten Helm erkennbare Bill Lomos.

Alano Montanari, 1953 Italienischer 350er-Meister und Fünfter der Weltmeisterschaft.

taktmotoren zu Guzzis schärfsten Konkurrenten in der 350er-Klasse werden.

Rasch wurde der Hubraum auf 349 cm³ erweitert, und mit 33 PS Leistung lief die Maschine 210 km/h. Zum ersten Dreifachsieg kam es dann in Monza – Lorenzetti, Anderson und Duilio Agostini waren einfach nicht zu schlagen. Oft war die 350er-Guzzi schneller als manche 500er. 1953 fuhr Fergus Anderson mit der Maschine den ersten von fünf aufeinanderfolgenden Weltmeistertiteln ein.

Wurde die 350er-Klasse zur Guzzi-Domäne, so stellte sich die Situation bei den 500ern schwieriger dar. Die V2-Guzzi war 1951 am Ende ihrer Entwicklungsmöglichkeiten und Parodi verlangte nach einem neuen Modell. Er verlangte etwas wirklich Aufsehenerregendes und wollte zeigen, dass Guzzi mehr bauen konnte als Einzylindermaschinen. Carlo Guzzi war davon nicht begeistert. Zum ersten Mal in der Firmengeschichte wurde ein fertiges Produkt von außen zugekauft. Der Römer Carlo Gianni, Vater der CNA Rondine, die dann zur Gilera wurde, hatte einen eigenwilligen und modernen Vierzylinder-Reihenmotor entworfen, und Parodi kaufte das Projekt. Da Carlo Guzzi das Konzept nicht gefiel, übernahm Carcano die Entwicklungsarbeit an der neuen Guzzi 500.

Schnabel-Verkleidung

Die erste Generation von Verkleidungen hatte die Form von Vogelschnäbeln. Neben der Verringerung des Luftwiderstandes erhöhten sie den Druck auf das Vorderrad. Auch nach der Entwicklung der Glockenform-Verkleidungen wurden die Schnabel-Versionen noch oft auf langsameren Kursen eingesetzt.
Enrico Lorenzetti auf einer 250er mit Kurzarmschwinge (rechts).

Der neue Motor hätte auch aus einem Auto stammen können: vier Zylinder längs hintereinander, Wasserkühlung und zwei oben liegende Nockenwellen. Der Rahmen wurde immer wieder geändert, letztendlich trug ein Gitterrohr-Fahrwerk den Motor und an seinen vorderen verlängerten Rohren die Verkleidung – zunächst in Schnabelform, später in Glockenform. 1953 gewann die Maschine unter Lorenzetti lediglich ein Rennen in Hockenheim – damals der schnellste Kurs der Weltmeisterschaft. Hier konnte sie ihren einzigen Trumpf ausspielen: ihre hohe Endgeschwindigkeit. Wurde die Strecke kurviger, so litt das Motorrad unter starken Lastwechselreaktionen des längs installierten Motors. Sie war stark und schnell, aber eigentlich unfahrbar. Der Fehler war gemacht, die Maschine wurde zur Seite gestellt, und in der Guzzi-Rennabteilung begann man mit der Konstruktion des Nachfolgemodells.

Dennoch war die Mühe mit dem Vierzylindermodell nicht völlig vergeblich, denn die kleineren Modelle

Neues Fahrwerk

Links die Gambalungo mit Kurzschwinge vorn (der namensgebende Langhubmotor wurde nur kurz eingesetzt). Auf Anregung Lorenzettis wurde der vorhandene 250er-Motor ebenfalls in das neue Fahrwerk eingebaut. So entstand die Gambalunghino. Oben zum Vergleich die ältere 250er-Albatros mit Trapezgabel vorn.

bekamen von ihr abgeleitete Gitterrohr-Fahrwerke – damit wurden sie endlich auch optisch schöne Motorräder.

Carcano überarbeitete die Einzylindermotoren, die jetzt für alle drei Klassen (250, 350 und 500 cm³) Zylinderköpfe mit zwei obenliegenden Nockenwellen bekamen. Die Halbliter-Einzylinder wurde gerne auf winkligen Kursen eingesetzt, denn sie war zwar deutlich schwächer als die Vierzylindermodelle von Gilera und MV, doch sie war sehr leicht und verbrauchte äußerst wenig Benzin, sodass der Tank kleiner ausfallen und der Schwerpunkt noch tiefer gelegt werden konnte. Die 500er wog genau 100 kg, die letzte 350er sogar noch zwei Kilogramm weniger. Die 500er gewann nur selten, doch mit den 350er-Nockenwellenmotoren wurden von 1954 bis 1956 drei Weltmeisterschaften gewonnen. 1957 wurde Keith Campbell schließlich der letzte Weltmeister für die Firma aus Mandello – dieses Jahr allerdings mit einem neuen Motor mit nur noch einer oben liegenden Nockenwelle

Die unerreichte Achtzylindermaschine

Die neue 500er nahm 1955 Gestalt an, die zu einem technischen Meilenstein werden sollte, denn nie zuvor oder danach gab es eine Halblitermaschine mit acht Zylindern. 1956 wurde das Motorrad erstmals eingesetzt und im Jahr darauf gewann es auch Rennen. Bei damals unglaublichen 12 000 U/min wurden 68 PS freigesetzt. Enrico Benzing schrieb anlässlich ihrer Vorstellung in der Gazetta della Sport: »Eine außergewöhnliche und sehr aufwendige Konstruktion mit kühnen Details und überragender Leistung. Mit dieser Maschine sieht sich Guzzi wieder an der Spitze, sie überwindet alle bisher bekannten Grenzen. Es ist unzweifelhaft Giulio Cesare Carcanos

Genie zu verdanken, dass dieses Motorrad entstehen konnte. Er ließ sich nicht von dem einmal gewählten, vielversprechenden Weg abbringen und löste alle entstehenden Probleme.«

Vergaserwald

Wir erkennen die versetzt gegeneinander angeordneten Vergaser in zwei Vierergruppen. Sie wurden speziell für Guzzi entwickelt, um überhaupt in derart enge Verhältnisse eingebaut werden zu können.

Große Rennbremsen

Vorne verzögert eine Doppelduplexbremse mit 220 mm Durchmesser, hinten eine 200 mm-Simplexbremse. Auch die Bremsen baute Guzzi selbst, alle anderen Hersteller kauften ihre Bremsen bei Spezialbetrieben (z. B. Oldani) ein. Beide Räder wurden in Schwingen mit hydraulischen Stoßdämpfern geführt, hinten konnte die Federvorspannung eingestellt werden.

Getriebe und Antrieb

Zunächst gab es sechs Gänge, dann vier und am Ende fünf. Die Antriebskette verlief auf der rechten Seite.

Höchstgeschwindigkeit: 290 km/h

Die V8 wurde sehr schnell entwickelt: nach fünf Monaten war der Motor fertig, nach knapp einem Jahr das ganze Motorrad. Bis 1956 mussten zahlreiche Details geändert werden. Zunächst hatten die Vergaser Durchlässe von 18 mm, später waren es 21 mm. Aus anfangs 62 PS wurden schließlich 80. Mit knapp 150 kg war die Maschine kein Leichtgewicht. Die Höchstgeschwindigkeit lag bei 290 km/h. Der grüne Farbton entstand durch die Korrosionsschutzbehandlung der aus sehr leichtem Elektron gefertigten Verkleidung.

1955

Im Blickfeld des Fahrers

Nur zwei Anzeigeinstrumente waren am Lenkkopf befestigt. Auf dem großen weißen Drehzahlmesser lassen sich der gelbe und der rote Balken für die erlaubten Drehzahlen erkennen. Links das Thermometer für den Kühlwasserkreislauf.

Verkleidung für schnelle Rennstrecken

Wie alle Renn-Guzzis wurde auch die V8 mit beiden Verkleidungsvarianten gebaut: Der Typ 1 (Schnabel) kam auf langsamen Strecken zum Einsatz (er bot bessere Sichtverhältnisse und war weniger seitenwindempfindlich), wogegen der gezeigte Typ 2 (Glocke) auf schnellen Strecken benutzt wurde.

Kühllufteinlässe

Ohne diese Öffnungen wäre der Motor zu heiß geworden. Der große Wasserkühler lag sehr tief direkt hinter dem Vorderrad.

Die Drei Musketiere

Das Triumvirat

Das Foto zeigt das Herz der Konstruktionsabteilung: Von 1948 bis 1957 war das legendäre Trio aus Giulio Cesare Carcano, Enrico Cantoni und Umberto Todero für die Rennerfolge von Guzzi verantwortlich.
Am 27. September 1957 wurde die Abteilung geschlossen.

Obwohl Carlo Guzzi niemals eine offizielle Stellung in der nach ihm benannten Firma innehatte, so war er doch immer der Bestimmer, der stets zwischen technischen Belangen und unternehmerischen Entscheidungen vermittelte. Er bestimmte, welches Modell produziert werden sollte, und entschied über technische Lösungen immer getreu seines Credos: Einfachheit und Zuverlässigkeit.

An seiner Seite arbeitete eine Gruppe von Technikern, die angeführt von Giulio Cesare Carcano eine Vielzahl an Motoren und Fahrzeugen entwickelte – bis 1957 vor allem Rennmaschinen, aber auch Serienmotorräder. Im Serienbau wurden extravagante technische Lösungen meist von Carlo Guzzi verhindert, der dabei immer die eigene Sparsamkeit und die der Kundschaft vor Augen hatte. Carcano war 1936 zu Guzzi gekommen, wo er zwei ähnlich geniale Mitarbeiter vorfand: Andonio Micucci und den bereits erwähnten »Moretto« Agostini – den Rennmechaniker mit dem »besonderen Händchen« für die Einnockenwellen-Motoren. Gemeinsam mit Guzzi hatte er die Albatros entwickelt, aber seine außergewöhnlichen Fähigkeiten zeigte er im goldenen Jahrzehnt zwischen 1947 und 1957, das mit der V8 als Höhepunkt endete.

Neben Carcano waren die Väter dieser Konstruktion Umberto Todero und Enrico Cantoni. Ihre Zusammenarbeit war dermaßen eng, dass sie bald nur noch »Die Drei Musketiere« genannt wurden. Jeder der drei hatte besondere Fähigkeiten. Carcano war der geniale Ideengeber und Berechner (er hatte immer einen Rechenschieber zur Hand), zeigte aber Schwächen im Detailentwurf und in der Ausführung. So gab er (oft mündlich) die Richtung vor, und Todero und Cantoni setzten sich ans Zeichenbrett. Endgültige Entscheidungen wurden oft erst nach endlosen Diskussionen getroffen. Besonders evident wurde dies nach der Entscheidung, gegen die Vierzylinder von Gilera und MV Agusta um die Königsklassen-Weltmeisterschaft zu kämpfen, ungezählt blieben die geleisteten Überstunden.

Die Rivalin: 500er-Vierzylinder von Gilera

Die Wurzeln des Vierzylindermotors von Gilera – dem Hauptkonkurrenten von Moto Guzzi – reichten zurück bis ins Jahr 1936, als das Triebwerk von CNA konstruiert wurde. Bei Gilera in Arcore wurde es verbessert und in der Rondine (Schwalbe) zum Einsatz gebracht. Wassergekühlt und per Kompressor aufgeladen erreichte das Aggregat 70 PS. Nach der Überarbeitung entfiel die Wasserkühlung und das nur noch 120 kg schwere Motorrad erreichte mehr als 200 km/h Höchstgeschwindigkeit. 1950 bis 1957 wurden Umberto Masetti, Geoff Duke und Libero Liberati sechsmal mit der Gilera Weltmeister.

Technische Wunderwerke

Umberto Todero vor dem Guzzi-Windkanal mit zwei 350er-Rennmaschinen – dem Weltmeistermotorrad von 1957 und einem Replikat. Todero wollte eigentlich eine Kleinserie für Liebhaber auflegen, gebaut wurde jedoch lediglich eine Maschine. Todero starb 82-jährig am 2. März 2005.
Auf der Explosionszeichnung des V8-Motors ist erkennbar, aus wie wenigen Teilen der Motor besteht. So wurden für den Antrieb der vier Nockenwellen lediglich sechs Zahnräder benötigt!

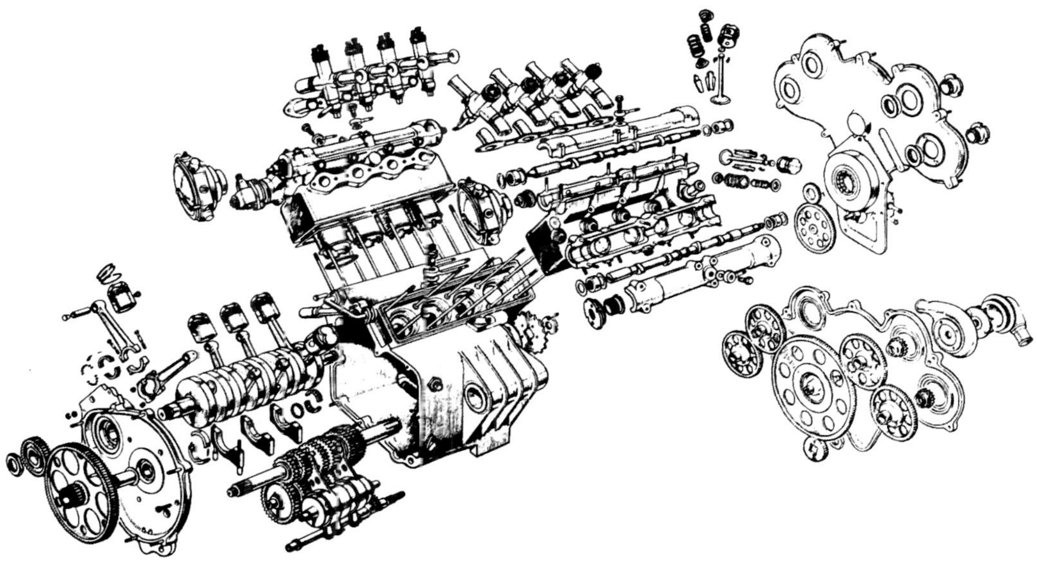

Das Einzylindermodell erreichte schlicht nicht die geforderte Höchstleistung, nicht viel besser wäre es einem Twin ergangen. Das unkonventionelle (und nicht von Guzzi entwickelte) Vierzylindermodell war zwar schnell, aber dennoch ein Fiasko. Carcano entschied sich für einen V8-Motor, was zunächst von vielen als absoluter Irrsinn betrachtet wurde. Cantoni entwarf das Motorgehäuse und die Kurbelwelle, Todero die Zylinderköpfe. Die Einstellarbeiten am neuen Triebwerk waren aufwendig und dauerten lange, das Einstellen der Ventile war aufgrund der kleinen Bauteile und des verwinkelten Einbaus ein reines Geduldsspiel. Als Folge davon explodierten die Kosten, die Presse begann eine Kampagne gegen die »Todesmaschine«, und Rennerfolge ließen sich bei einem rapide schrumpfenden Markt kaum noch in Verkaufserfolge ummünzen. So kam Ende der Saison 1957 der große Knall: Moto Guzzi, Gilera und Mondial entschieden, den Rennbetrieb einzustellen, die Mitarbeiter der Rennabteilung in Mandello wurden in der Geländesportabteilung und im Serienbau weiterbeschäftigt.
Ein unmittelbares Ergebnis dieser Neuorganisation wurde der von Micucci und Todero entwickelte Dingo – einer der meistverkauften 50 cm³-Motoren der 1960er-Jahre. Zunächst mit einem Drei-, später mit einem Viergang-getriebe ausgerüstet war der Dingo ein hervorragender kleiner Zweitaktmotor mit brauchbarer Leistung und wenig Durst. Carcano seinerseits begann mit der Konstruktion des für Moto Guzzi wichtigsten Zukunftsprojekts – dem großen V2-Viertakt-Triebwerk der V7, der noch heute als Urahn aller modernen Guzzis gilt; ohne ihn hätte das Werk in Mandello wohl spätestens zu Beginn der 1970er-Jahre seine Tore geschlossen.

Das Ende eines Traums

1967 das erste italienische Superbike: Mit der Guzzi V7 beginnt die Zukunft.

Mopeds und Kleinmotorräder: das zweite Standbein für die Gesundung des Werks.

Nach Carlo Guzzi und Giulio Cesare Carcano kam Lino Tonti, um die großen Erfolge der 1970er-Jahre zu konstruieren.

Das Goldene Zeitalter endete zusammen mit den 1950er-Jahren. Der Motorradmarkt brach zusammen. Ende 1963 starb Carlo Guzzi, und die Familie Parodi konnte den Zusammenbruch nicht verhindern. Die italienische Regierung sprang ein und rettete das Werk, sodass fortan unter staatlicher Aufsicht produziert wurde. Viele Mitarbeiter mussten gehen, doch es kamen neue Modelle. An Energie und Willen mangelte es in Mandello nicht. Nach fünf furchtbaren Jahren begann 1965 die Gesundung. Der Staat konnte sich zurückziehen und seine Anteile an einen privaten Investor verkaufen: Der Argentinier Alejandro De Tomaso betrat die Bühne.

Zusammenbruch und Neubeginn

1968 posiert ein kalifornischer Polizist auf einer V7 Ambassador zwischen den Teilnehmerinnen eines Schönheitswettbewerbs (Seite 64).

Die 1960er-Jahre begannen für Moto Guzzi denkbar schlecht. Carlo Guzzi war schwer erkrankt und der Familie Parodi ging nach herben Verlusten im Schiffbau das Geld aus. Die Nachfrage nach Motorrädern war gering (1956 wurden noch 34 367 Fahrzeuge gebaut, sechs Jahre später waren es lediglich 19 266). Die notleidenden Händler riefen verzweifelt nach Mopeds, den einzigen Zweirädern, die noch eine Zukunft zu haben schienen, doch das Werk schien wie gelähmt und reagierte nur langsam und verspätet. Guzzi kaufte Parilla-Mopeds und klebte das eigene Logo auf den Tank, um überhaupt etwas anbieten zu können.

Gleichzeitig begann Antonio Micucci, der Vater von Guzzino und Zigolo, mit der Konstruktion eines eigenen 50 cm^3-Motors – er war spät dran, und die Zeit lief ihm davon. Doch zum Glück arbeitete Micucci schnell und gut, sodass 1963 der Dingo bereit stand, der in zwei Versionen – als Moped und als Kleinmotorrad für die Jugend – gebaut werden sollte. Auch mit nur 50 cm^3 Hubraum hatte der Dingo alle für Guzzi typischen Eigenschaften: Der Motor war einfach und leistungsstark, und er lief problemlos viele Tausend Kilometer. Wie bereits die Zigolo hatte auch der Dingo einen Leichtmetallzylinder mit verchromter Wandung, was eine Reduzierung des Ölanteils im Gemisch vom üblichen Verhältnis 1:20 auf 1:50 erlaubte – ein bedeutender Fortschritt. Der Dingo wurde schnell in ganz Italien bekannt, die Händler schöpften neuen Mut und begannen wieder an die Zukunft des Werkes zu glauben. Doch wie sah es mit dem Rest der Modellpalette aus? Die Lodola konnte als einzige Neuentwicklung nicht überzeugen, die Falcone sah aus wie eine Vorkriegskonstruktion und auch der Galletto war veraltet und stand am Ende seiner Laufbahn. Etwas besser verkaufte sich die Stornello (Star) – der letzte Entwurf von Carcano, doch dies reichte nicht aus. Der Dingo alleine konnte die Firma nicht retten. Und es war nur ein schwacher Trost, dass es allen anderen Motorradherstellern auch nicht besser ging. Benelli und Gilera gab es fast nicht mehr. In Frankreich bauten Peugeot und Motobecane nur noch Mopeds. Die ruhmreiche Motorradindustrie Englands stand trotz des guten Händlernetzes in den USA vor dem Niedergang, denn ein überaltertes Angebot und unzureichende Neuentwicklungen

Trotter

Das simpelste Guzzi-Moped in seiner ersten Version von 1966 mit 40 cm^3 Hubraum und ohne jegliche Federung. Bei der Werbung setzt man auf Stars wie den Fußballer Helenjo Herreta, der hier den Trotter in Mandello vorstellt (oben rechts). Am ersten nationalen Mopedtag 1968 in Mailand findet eine gemeinsame Ausfahrt auf Trottern statt (unten).

wollte keiner mehr kaufen. Viele Firmen schlossen sich zusammen, und oft unterschieden sich die Maschinen nur noch durch das Markenemblem am Tank voneinander. Und auch in Deutschland schloss ein Hersteller nach dem anderen seine Werkstore. Hercules und Zündapp setzten auf Mopeds. DKW, NSU und BMW retteten sich in die Automobilproduktion. Obwohl die Jahresproduktion Ende der 1960er-Jahre auf unter 5000 Maschinen gefallen war, hielt einzig BMW am Bau »echter« Motorräder fest.
1966 war auch bei Moto Guzzi der absolute Tiefpunkt erreicht: Es wurden nur noch 3450 Fahrzeuge gebaut, davon die meisten Mopeds. Familie Prodi konnte kein Geld mehr beschaffen, und so wurde das Werk am 25. Februar 1966 unter die Leitung der staatlichen Auffanggesellschaft für Industriebetriebe (IMI) gestellt.

Guzzis für Polizei und Armee

Bis Ende der 1980er-Jahre hatte Moto Guzzi das Geschäft mit Behördenmotorrädern fast völlig alleine in der Hand. Später konnten auch andere Hersteller – vor allem BMW – an staatlichen Aufträgen verdienen. Die V7 (hier die Version für die Verkehrspolizei) löste bei der Polizei, den Carabinieri und der Armee unverzüglich die alte Falcone ab.

Es war das Ende einer Epoche. Familie Prodi verlor jeglichen Einfluss. Ein Jahr darauf wurde die Società Esercizio Industrie Moto Meccaniche (SEIMM) gegründet, die Moto Guzzi innerhalb von fünf Jahren wieder wettbewerbsfähig machen sollte. Im Zuge der Umorganisation wurde die gesamte Führungsmannschaft ausgewechselt, sogar Giulio Cesare Carcano muss das Werk verlassen. Die Modellpalette wurde noch weiter zusammengestrichen, zahlreiche Mitarbeiter wurden entlassen. Micucci und Todero blieben, als neuer Technischer Direktor wurde Lino Tonti eingestellt, der einst bei Mondial und Bianchi gearbeitet hatte.
Anders als beispielsweise bei BSA, deren neue Führung innerhalb kürzester Zeit den einstmals größten briti-

Vespa übertrifft alle

Die Vespa steht wie kein anderes Fahrzeug für die Massenmotorisierung im Nachkriegs-Italien. Das von Corradino d'Ascanio bereits vor dem Krieg entworfene Fahrzeug ist seit 1946 der Motorroller schlechthin: schön, robust und heiß geliebt; treue Begleiterin italienischer Familien über mehr als 60 Jahre wurde sie zum Symbol eines ganzen Landes. War die Vespa zunächst einfach nur praktisch, so wurde sie später zu dem einzigen Zweirad, das dem Automobil standhalten konnte. Alle Versuche, sie zu übertreffen, endeten mit dem gleichen Ergebnis: An einer Vespa kam man in Italien einfach nicht vorbei!

Gut gemacht!

Der Prototyp der V7 von 1965 (rechts) kam der späteren Serienmaschine von 1967 (unten) schon sehr nahe. Der Zweizylindermotor hatte 703 cm³ Hubraum und einen Zylinderwinkel von 90°. Der Prototyp war mit Amal-Vergasern ausgerüstet, wogegen die Serie Dell'Orto-Vergaser erhielt (anfangs teure SSI-Rennvergaser, weil keine anderen mit 29 mm Durchlass erhältlich waren).

schen Hersteller völlig ruinierte, gingen die neuen Guzzi-Direktoren Luciano Francolini und Romelo De Stefani sehr sorgfältig vor. Und sie hatten das Glück der Tüchtigen auf ihrer Seite. Alle nur noch schlecht verkäuflichen Modelle wurden gestrichen – Galletto und Lodola verschwanden. Der Schwerpunkt wurde zunächst auf die Mopedfertigung gelegt, und das noch von Carcano zunächst als reines Behördenkrad geplante Projekt »V7« erhielt Priorität. Das Geschäft mit staatlichen Stellen war immer ein wichtiges Standbein für Moto Guzzi gewesen. Vom Dingo entstanden zahllose Varianten, die sich ausnahmslos gut verkauften. Verantwortlich war dafür neben der hervorragenden Qualität der Fahrzeuge auch der neue Leiter der Presseabteilung: Roberto Patrignani war ein bekannter Rennfahrer, Journalist und Motorradtester, der mit einer Vespa bereits von Mailand nach Tokio gefahren war. Ihm gelang es, die großartige Vergangenheit der Marke lebendig zu halten, er schuf das Werksmuseum und rettete so viele alte Maschinen (vor allem die Werksrenner) vor der Schrottpresse. Und er erregte große Aufmerksamkeit, als er 1966 mit einem Dingo Cross Afrika durchquerte. Fernfahrten waren damals ein besonders beliebtes Werbemittel, und eine permanente Berichterstattung darüber war obligatorisch. Die Fachzeitschrift *Motociclismo* berichtete monatlich, und der Dingo wurde nach dieser schweren und abenteuerlichen Fahrt zum Inbegriff der Zuverlässigkeit – sein Pilot zum Helden. In diesem Jahr kam auch der Trotter heraus – ein sehr einfaches Moped für Arbeiter und Hausfrauen. Trotter, Dingo und Stornello 125 ließen die Verkaufszahlen ansteigen, sodass Moto Guzzi überleben konnte. Der Clou sollte bald darauf folgen: Mit der V7 konnte eine neue und glückliche Zeit für Moto Guzzi beginnen!

Ein Rückblick auf den Beginn der 1960er-Jahre: Die Rennabteilung war aufgelöst, Carcano mit den Auf-

gaben im Serienbau und der Geländesportabteilung kaum ausgelastet. Der Konstrukteur der V8 musste Mopeds bauen! Ein Entwurf der Stornello 125 war fertig und Todero wollte sie zur Serienreife bringen, also fand Carcano Zeit, sich mit der Weiterentwicklung des Motorrades an sich zu beschäftigen. Wie sollte das Motorrad der Zukunft aussehen? Er entschied: stark und schnell musste es sein. Also entwarf er einen V2-Motor mit unten liegender Nockenwelle und Stößelstangen. Die geschmiedete Kurbelwelle sollte komplett in Gleitlagern laufen. Es entstanden zwei Prototypen mit 500 und 650 cm^3 Hubraum. An ein komplettes Motorrad war noch nicht zu denken, also baute er seine Motoren in einen Fiat 500 ein. Der 650er leistete mit zwei Vergasern 34 PS und beschleunigte den ursprünglich knapp 100 km/h schnellen Wagen auf über 140 Sachen. Der Fiat lernte fliegen! Begeistert von seinem neuen Triebwerk bot Carcano ihn Fiat an und hoffte auf einen lukrativen Liefervertrag. Doch Fiat lehnte ab, weil der eigene Paralleltwin deutlich preiswerter herzustellen war.

Dann folgte der zweite Anlauf: Das Heer suchte ein Fahrzeug für extremes Gelände. Der Mulo Meccanico (mechanischer Esel) entstand – wieder mit Carcanos Motor ausgerüstet –, jedoch nur als Prototyp. Eigentlich brauchte die Armee viel dringender Ersatz für ihre völlig veralteten Falcones: Ein Motorrad, das mindestens 100 km/h lief und wesentlich stärker war. Carcano überarbeitete den Motor komplett – eigentlich blieb nur der Zylinderwinkel von 90° unangetastet. Das neue Triebwerk hatte 703 cm^3 Hubraum, leistete 35 PS, wog 250 kg und fuhr 150 km/h schnell.

1964 begann man mit Fahrversuchen. In Mandello waren das Geld knapp und die Stimmung gedrückt. Doch das neue Motorrad beeindruckte. Sofort dachte Carcano an eine zivile Variante. Die Entwicklungsabteilung arbeitete Tag und Nacht, um das neue Motorrad 1965 auf der Mailänder Motorradmesse vorstellen zu können – und es gelang! Die Maschine war die Sensation: das erste große Motorrad der Neuzeit. Nur wenige Engländer hatten so viel Hubraum; die größte BMW kam auf 600 cm^3. Harley-Davidson-Maschinen hatten zwar noch mehr Hubraum, galten jedoch als technisch veraltete Exoten.

Der Produktionsstart für die V7 fiel in eine der dunkelsten Stunden der Firmengeschichte, denn gerade hatte

Wettfahrt gegen den Zug

Natürlich die verrückten Deutschen! Am 27. November 1968 startete Erwin Müller einen Vollgas-Test über 1400 km von Hamburg nach Wien. Bei Schnee, Regen, Nebel und starkem Seitenwind brauchte er 14 Stunden und elf Minuten – mit der Eisenbahn hätte es 15 Stunden gedauert. Die V7 hielt unbeschadet durch!

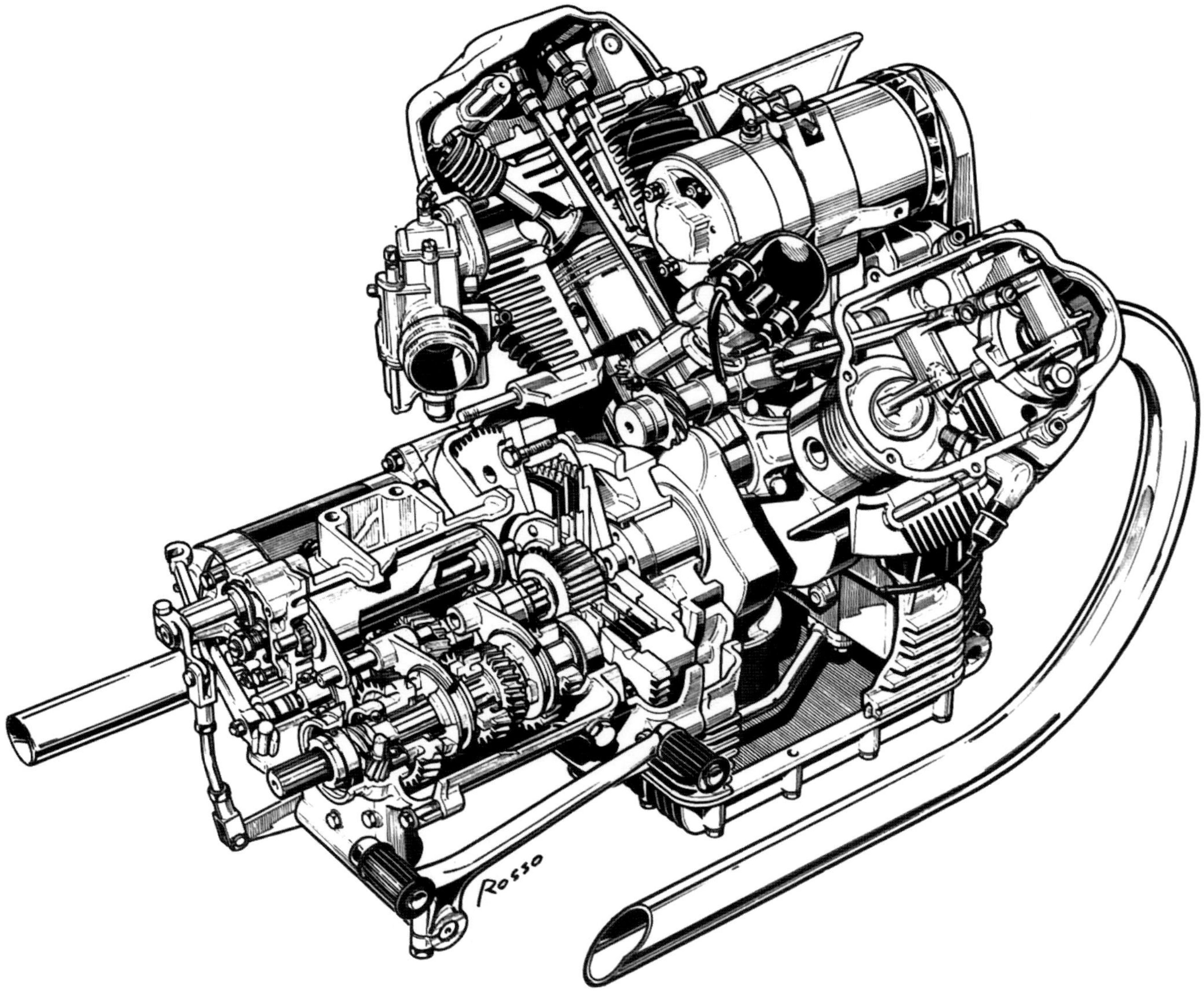

Leistungsstark und robust

Das Schnittbild zeigt alle wichtigen Motor-Innereien. Die im Zylinderwinkel liegende Nockenwelle steuert über Stößelstangen und Kipphebel die in den Köpfen hängenden Ventile – der Ventilwinkel beträgt 70°. Die Zylinder sind mit galvanisch aufgebrachten Chrom-Laufflächen ausgerüstet. Das Motoröl wird in einer großen Ölwanne gesammelt. Zwischen den Zylindern liegt zentral die große Lichtmaschine, nach rechts versetzt der Zündverteiler. Die Motorleistung wird über eine Zweischeiben-Trockenkupplung auf das Getriebe – zunächst mit vier, später mit fünf Gängen – übertragen, von wo sie per Kardanwelle und Winkeltrieb aufs Hinterrad geht.

Familie Parodi die Leitung an die staatliche IMI abgeben müssen. Zunächst wurden Heer, Polizei und Carabinieri beliefert, doch bald stand die neue Guzzi auch bei den Händlern. Die Maschine war ein großer Erfolg. Der Motor leistete jetzt 40 PS, und die Tachonadel blieb erst bei 170 km/h stehen. Man sah ihr das hohe Gewicht zwar deutlich an, doch die Linienführung wirkte gefällig. Auch im Ausland wurde man aufmerksam. Michele Bianchi machte die große Guzzi als Verkaufsleiter überall bekannt. Neben den Europäern zeigte er sie vor allem den Amerikanern – und auch dort entschieden sich zahlreiche Polizeibehörden für ein Motorrad aus Mandello statt aus Milwaukee. Carcano arbeitete zu dieser Zeit längst nicht mehr bei Guzzi; die IMI benötigte seine Dienste nicht mehr – das Werk aber schon! 1967 begann die Serienfertigung für den Zivilmarkt, denn plötzlich wurden große Motorräder stark nachgefragt. In den reichen Ländern hatten nun alle ein Automobil – und noch Geld übrig für ein neues Hobby und Statussymbol. Das Motorrad verlor sein schlechtes Image. Die große Guzzi erzeugte Respekt, sie war stärker als die meisten anderen Motorräder und sehr zuverlässig – die V7 schuf sich praktisch ihren eigenen Markt. Englische Motorräder und auch BMWs sahen nun plötzlich ziemlich alt aus, die einen vibrierten und ölten, die anderen gab es nur in Schwarz, mit Schwingsattel und Vorderradschwinge. Und einen elektrischen Anlasser konnte keine andere Maschine aufweisen. BMW sollte erst 1969 mit einem vergleichbaren Modell nachziehen – die Engländer erst 25 Jahre später!

Die V7 wird rasch zum Prototypen des großen Reisemotorrades – in den USA nicht zuletzt durch die großartige Arbeit des Importeurs Joe Berliner. Auch Polizeibehörden der ganzen Welt bestellen in Mandello: Kalifornien, Finnland, Jugoslawien, Kongo und auch Kuba – wo das Modell von Fidel Castro persönlich getestet wird!

1969 wurde die von der SEIMM gestellte Aufgabe erfüllt, denn Trotter, Dingo und V7 brachten es auf 50 000 Exemplare. Zur Motorradmesse in Mailand zeigte kein anderer Hersteller so viele Neuerungen wie Moto Guzzi. Der Trotter bekam einen neuen liegenden Motor, der Dingo erhielt ein Vierganggetriebe und eine neue Stornello mit 125 und 160 cm^3 Hubraum erschienen. Die revolutionäre Ghez mit 50 cm^3-Zweizylinder-Zweitaktmotor wurde gezeigt, und es gab eine Nuovo Falcone für die Polizei und das Militär. Star der Ausstellung war jedoch die V7 Special mit 757 cm^3 Hubraum, 50 PS und neuer Farbgebung.

Die Siebzigerjahre begannen, und Moto Guzzi war stärker und selbstbewusster denn je. Andere Hersteller standen schlechter da: Gilera musste aufgeben und wurde von Piaggio übernommen; 1971 wurde Benelli von Alejandro de Tomaso aufgekauft, und Aermacchi in Varese hing am Tropf von Harley-Davidson. Innocenti erlitt mit dem Roller Lui 50/75 ein Desaster, gab den Zweiradbau auf und baute den Austin Mini in Lizenz. Und die Japaner begannen damit, alle überlebenden Hersteller mit einer wahren Modellflut stark unter Druck zu setzen. Für Moto Guzzi waren es turbulente Zeiten mit guten Aussichten. Dann kam De Tomaso und sprach von Neuorganisation und Rationalisierung. Die Angestellten reagierten reserviert, auch wenn der Argentinier versicherte: »Nur die Unfähigen müssen Entlassungen fürchten, wer fleißig ist, braucht keine Angst zu haben.«

Glatte Erscheinung

Zwei Ansichten des 703 cm^3 großen V7-Motors. Oben die Rückseite mit den zwei Vergasern (Dell'Orto SSI 29 mit seitlicher Schwimmerkammer), dem (schwarzen) Ölabscheider und dem Schwungrad samt der Verzahnung für den Anlasser. Unten ist die Keilriemen-Abdeckung für den Lichtmaschinenantrieb und der nach rechts ragende Zündverteiler zu sehen. Das Motorgehäuse weist Kühlrippen im Bereich der Ölwanne auf – Versteifungsrippen sollten erst später kommen.

V7 – Der Büffel

Seit 1965 stammen alle großen Guzzis von der V7 ab. Jedes neue Modell ist eine direkte Nachfolgerin und weist alle Eigenschaften dieser ersten schweren Maschine aus Mandello auf. Die V7 bestimmte nicht nur die Merkmale aller folgenden Guzzis, auch alle anderen italienischen Motorradhersteller mussten sich an ihr messen. Moto Guzzi hatte mit der V7 einen bedeutenden Vorsprung, sodass sich alle anderen zunächst hinter ihr einordnen mussten. Mit Abstand folgten dann die Laverda 750, die Benelli 650 Tornado und schließlich die 750er- und 900er-Ducati. Die italienischen Motorradwerke nahmen nach einer langjährigen Position mit dem Rücken zur Wand die Herausforderung an, und man war froh, wieder etwas anderes als Mopeds und Kleinmotorräder bauen zu können. In immer schnellerer Folge kamen immer größere und schnellere Maschinen. Giulio Cesare Carcano, Umberto Todero und Lino Tonti hatten ihren jeweiligen Anteil am Erfolg dieses Motorrades. Die große Guzzi war ein echter Super-Tourer – bequem, robust und schön, ohne ihr Gewicht verbergen zu wollen. Der Ruf von Ernst »Klacks« Leverkus nach einem echten »Büffel« war in Erfüllung gegangen. Die Detaillösungen unterstrichen dies: der große Tachometer, die verchromten Flanken des riesigen Tanks, die geschmackvolle weiße Lackierung, die langen, schlanken Auspuffrohre, die stabile Telegabel. Und in der Mitte saß der imposante V-Motor in einem weit ausladenden Doppelschleifenrahmen. Die V7 war mit größter Sorgfalt konstruiert worden, sie erreichte nie gekannte Laufleistungen, sie brauchte wenig Benzin und noch weniger Wartung.

Klassische Radführungen

Die Telegabel und die Federbeine waren weich abgestimmt, um größten Fahrkomfort zu gewährleisten. Vorne und hinten wurde mit großen Trommelbremsen verzögert, ab 1968 in Duplexausführung für eine bessere Wirksamkeit.

1967

Absolut robust

Der 703 cm³ große Motor (80 mm Bohrung x 70 mm Kolbenhub, leistete zwar nur 40 PS, hatte aber einen sehr guten Drehmomentverlauf und war äußerst zuverlässig. Sowohl der Ölverbrauch wie auch der Durst nach Benzin (ca. 5 Liter auf 100 km) waren gering. Der Anlasser und die Lichtmaschine arbeiteten mit 12 Volt-Elektrik und fanden sich auch in zahlreichen Automobilen dieser Zeit.

Vorteile des V-Motors

Ab der V7 wurde der längs eingebaute V-Motor (entscheidend ist die Lage der Kurbelwelle) mit 90° Zylinderwinkel zum Kennzeichen aller Guzzis. Seine Vorteile: gute Kühlung, geringe Baulänge, wenig Vibrationen auch ohne Ausgleichswelle und gute Anbaumöglichkeiten für Vergaser und Auspuffkrümmer. Der zum Hinterrad führende Kardanantrieb konnte ohne Umlenkung angetrieben werden. Der Motor war relativ einfach aufgebaut und äußerst simpel zu warten. Alle Teile waren sehr gut zugänglich, lediglich Arbeiten an der Kupplung wurden konstruktionsbedingt aufwendig, wenn auch nur selten nötig. Die Wartungsfreundlichkeit war sehr wichtig, denn die Mechaniker vieler Händler waren nur Vespas und 125er gewohnt.

Eigenständiges Erscheinungsbild

Die V7 verfügte über ein massiges, aber fließendes Design mit langer Sitzbank für zwei Personen, einen großen Tank mit verchromten Flanken und Zierlinien, zigarrenförmige Auspuffrohre und sehr wirkungsvolle Kotflügel.

Die schöne Schwester: V7 Special

Zwei Jahre nach der Vorstellung der zivilen V7 präsentierte Guzzi deren erste Weiterentwicklung. Das Werk war gesundet, Lino Tonti arbeitete dennoch hart, um den Erfolg zu sichern und vorhandene Mängel zu beseitigen – denn die V7 hatte bei all ihren Vorzügen, dem Komfort, der Zuverlässigkeit und der gefälligen Optik auch ihre Schwächen: Sie fuhr sich etwas träge, ihr Getriebe war laut und hatte lange Schaltwege. Tonti vergrößerte den Hubraum auf 757 cm³, modifizierte den Ventiltrieb, montierte neue Vergaser und verbesserte das Getriebe. Er gewann fünf PS bei unverändert gutem Drehmoment, sodass die Maschine 180 km/h Höchstgeschwindigkeit erreichte. Weil er einmal dabei war, wurde auch das Erscheinungsbild modernisiert. Erstmals wandte sich Moto Guzzi an ein externes Design-Büro – auch dies ein mutiger Schritt nach vorne. Mit nur wenigen Retuschen und neuen Farben ließ die neue Special die ursprüngliche V7 wahrhaft alt aussehen. Beide Maschinen

Motorräder nach amerikanischem Geschmack

Bereits Ende 1969 entstand das erste US-Sondermodell auf Basis der V7 Special: die Ambassador. Die Änderungen waren eine neue Farbgebung und der alte zentrale Tacho der V7. Aufgrund kalifornischer Gesetze musste links geschaltet und rechts gebremst werden. Wenig später erschien die Eldorado mit deutlich mehr Änderungen. Sie erhielt eine Scheibenbremse im Vorderrad und den Motor der 850 GT, neben dem Tacho fand ein Drehzahlmesser Platz. Das ab Ende 1971 verfügbare große Triebwerk hatte einen Hubraum von 844 cm³ und kam zusammen mit dem neuen Fünfganggetriebe. Die Modelle hatten in den USA großen Erfolg, zudem wurden sie von zahlreichen Polizeibehörden bestellt. Die Guzzis zeigten sich in vielen Punkten der Konkurrenz überlegen: im Preis, der Zuverlässigkeit, den Fahrleistungen und der einfachen Wartung. Das nächste US-Modell wurde danach die ganz nach amerikanischem Geschmack gestylte California, deren zahlreiche Neuerungen nur noch wenig an die alte Special denken ließen.

Die erste Scheibenbremse

Auf die Ambassador 750 folgte die ebenfalls auf den amerikanischen Geschmack abgestimmte Eldorado. Als erste Moto Guzzi erhielt sie ab 1971 im Vorderrad eine Scheibenbremse. Ebenfalls neu waren der auf 850 cm³ (Bohrung x Hub: 83 x 78 mm) vergrößerte Motor mit über 50 PS Leistung sowie das Fünfganggetriebe. Sowohl das Motor- wie auch das Getriebegehäuse waren mit außen liegenden Rippen versteift worden.

sorgten nun dafür, dass der Begriff Reisemotorrad neu definiert werden musste – dabei bekamen sie große Konkurrenz aus Deutschland: Die neue Strich-Fünf-Reihe von BMW hatte ähnliche Qualitäten wie die Guzzi und zeigte, dass man auch in Bayern die Zeichen der Zeit erkannt hatte und wieder auf das Motorrad setzte.

Die neue Guzzi war gut geraten, und ihr Ruf hatte sich rasant über alle Grenzen hinaus verbreitet. Sie war das erste Motorrad aus Mandello mit internationalem Erfolg. Insgesamt wurden 6189 V7-Maschinen gebaut, hinzu kamen 11806 Special-Modelle (einschließlich der Ambassador-Ausführungen). BMW verkaufte von 1969 bis 1973 von allen /5-Modellen 38370 Exemplare, hatte allerdings auch ein besser ausgebautes Händlernetz. Moto Guzzi war Ende 1970 dank der V7 wieder gesundet. Auch in Italien war die Nachfrage angezogen, der Absatz schwerer Motorräder stieg zwischen 1970 und 1971 von 2143 auf 5676 Maschinen, der Gesamtverkauf von 50348 auf 55289 Fahrzeuge. 1970 wurden 1235 V7 verkauft, ein Jahr darauf waren es 1787 Stück. Nur die Honda 750 und die Laverda 750 SF verkauften sich besser. Bei Guzzi wollte man das Image verbessern und dachte über einen neuen Geschwindigkeitsrekord nach. 1969 wurde der Motor durch viel Feinarbeit auf 68 PS

Wirklich sehr speziell

Ab 1969 wurde die V7 Special ein großer Erfolg. Der Hubraum war auf 757 cm^3 angewachsen (83 mm Bohrung x 70 mm Hub) und zahlreiche Details waren optimiert worden – besonders wichtig war das verbesserte Getriebe. 45 PS am Hinterrad erlaubten 180 km/h Höchstgeschwindigkeit. Mit den weißen Lackteilen und den schwarzen Rahmenrohren sah das Modell gut aus, hinzu kamen die neuen Guzzi-Logos auf Tank und Seitendeckeln.

gebracht, und in Monza erzielten zwei Guzzis die erwarteten Rekorde in den Klassen 750 und 1000 cm³ – es war genau der richtige Zeitpunkt, um sich Gedanken über ein großes Sportmotorrad zu machen. Viele Kunden zeigten Interesse an Rennsport mit Serienmotorrädern, und nach den Rekorden von Monza begann Tonti mit der Arbeit an der V7 Sport. Zu dieser Zeit zogen über Mandello erneut dunkle Wolken auf, denn falls die SEIMM die Leitung abgeben würde, bestand die Gefahr, dass Guzzi schließen musste. Zur Zukunft des Werks gab es zahlreiche Ideen, es wurde von Interessenten aus dem Ausland gesprochen, und auch der Name BMW fiel. Doch tatsächlich liefen bereits Verhandlungen mit Alejandro De Tomaso, der gerade Benelli aufgekauft hatte. In der Guzzi-Fabrik wurde es unruhig, und ein Streik folgte dem anderen – es ging um Arbeitsplätze und Unabhängigkeit. Lino Tonti reduzierte den Hubraum des Motors auf 748 cm³, damit die Maschine in der 750er-Klasse antreten konnte. Dank 30 mm großer Vergaser und einer neuen Nockenwelle leistete das neue Triebwerk 52 PS am Hinterrad.

Beim neuen Fahrwerk war Tonti gezwungen, zu Hause zu arbeiten. Es sollte ein Meisterstück werden: Fast ausschließlich aus geraden Rohren gefertigt, umschloss es sehr eng das Triebwerk, dessen Lichtmaschine von oben nach vorne auf die Kurbelwelle verlegt worden war. Der sehr steif ausgefallene Rahmen sorgte zusammen mit

Tiefer gelegt

Die V7 Sport war Lino Tontis Meisterstück. Flach, langgestreckt und kompakt gestaltet setzte sie Zeichen: Moto Guzzi baute wieder Sportmotorräder! Die ersten Exemplare entstanden in der Versuchsabteilung – von Hand gefertigt und am roten Rahmen erkennbar. Bei den ab 1972 gebauten Serienmodellen war das mit abnehmbaren Unterzügen versehene Fahrwerk schwarz, zudem wurde auch das Fünfganggetriebe mit Versteifungsrippen versehen. Der Motor hatte einen Hubraum von 748 cm³ (82,5 mm Bohrung x 70 mm Hub) und leistete 52 PS am Hinterrad (Guzzi nannte 70 SAE-PS), um die Maschine auf über 200 km/h zu beschleunigen. Im Vorderrad saß eine neue Doppelduplex-Trommelbremse, und die »Schwanenhals«-Lenker waren höhenverstellbar.

den guten Federelementen für die gute Straßenlage, die bei allen folgenden Guzzis, die damit ausgerüstet wurden, legendär werden sollte. Die ersten 104 Exemplare der neuen Sportmaschine wurden in der Versuchsabteilung gebaut, der hier verwendete aus Molybdänstahl gefertigt Rahmen war rot lackiert, die später aus normalem Stahl hergestellten Serienfahrwerke wurden schwarz ausgeliefert. Den in leuchtendem Limonengrün lackierten Tank und die im Rahmendreieck sitzenden Fächer gab es bei allen V7 Sportmaschinen.

Ein langes Leben hatte die V7 Sport nicht, denn unter der neuen Leitung von De Tomaso wurde sie nach nur 3800 Exemplaren und zwei Jahren Bauzeit zur 750 S weiterentwickelt, die neben einer neuen Einzelsitzbank mit Bürzel, einer dezenteren Lackierung und schwarzen Schalldämpfern vor allem eine sehr wirksame Doppelscheibenbremse im Vorderrad aufwies. Auch die S wurde nur zwei Jahre lang in etwa 3800 Exemplaren produziert, denn bereits 1975 erschien eine neue Weiterentwicklung: Ihre Bezeichnung 750 S3 wies auf die Anzahl der Bremsscheiben hin, denn jetzt wurde auch das Hinterrad damit verzögert. Darüber hinaus verfügte die neue Sportmaschine über ein von Brembo neu entwickeltes Integralbremssystem, bei dem die Fußbremse sowohl auf das Hinterrad wie auch eine Bremsscheibe des Vorderrades wirkte. Nur knapp 1000 S3 entstanden, dann stand bereits die nächste Neuerung in den Startlöchern: die Le Mans 850.

Leistungsexplosion

Während in Mandello 1969 die V7 Special entstand, kam aus Japan ein Motorrad, dessen Eckdaten – 67 PS, fünf Gänge, elektrischer Anlasser, Scheibenbremse – neue Maßstäbe setzten. Kawasaki konterte mit einer 60 PS starken Dreizylinder-Zweitaktmaschine namens Mach III, und bei Triumph konnte man sich zur Trident mit 750er-Viertakt-Dreizylinder mit ebenfalls 60 PS aufraffen. Italienische Hersteller beschränkten sich zunächst auf zwei Zylinder: Benelli Tornado 650, Ducati 750 GT, Laverda 750 S. Einzig Laverda sollte später eine große Dreizylindermaschine mit zunächst 1000, dann 1200 cm³ Hubraum herausbringen. Die Verkaufszahlen belegten die Erfolge: 1970 wurden in Italien 3100 Motorräder mit mehr als 500 cm³ verkauft, ein Jahr darauf waren es bereits 8700 Stück (darunter 3200 japanische Maschinen). 1972 waren die Verkäufe auf etwa 11000 Exemplare angestiegen, darunter 3082 Laverdas, 2300 Guzzis und 1004 Benellis.

Schnelle Entwicklungsschritte

Ende 1973 wurde aus der V7 Sport die 750 S (links) – die Typenbezeichnung wurde von VK in VK1 geändert. Das weitgehend in Schwarz gehaltene Motorrad wirkte sehr aggressiv und die Doppelscheibenbremse im Vorderrad beseitigte das einzige wirkliche Manko der V7 Sport. Zwei Jahre darauf wurde in der S3 auch das Hinterrad per Scheibe verzögert – mit dem für viele Fahrer gewöhnungsbedürftigen Integralbremssystem.

Rassige Italienerinnen

Laverda entwickelte aus der 750 S zunächst die SF und dann die SFC (unten), deren Paralleltwin 70 PS entwickelte, und die zwischen 1971 und 1976 in einer Auflage von 550 Exemplaren produziert wurde. Genauso wichtig war Ducatis Debüt in der großen Klasse: Der quer im Rahmen sitzende V2-Motor entwickelte in der 750 GT (oben) zunächst 60 PS, doch das mit oben liegenden Nockenwellen und Königswellensteuerung sehr kompliziert geratene Triebwerk sollte in Sport- und Supersport-Modellen mit Hubräumen bis 860 cm³ weiteres Potenzial beweisen.

Die erfolgreiche Stornello

Rekordstückzahlen

Das Fertigungsband der Stornello 125 im Jahre 1960. In den ersten zwei Jahren wurden über 11 000 Maschinen gebaut, doch erst 1964 erreichte die Fertigung mit 6450 Exemplaren ihren Höhepunkt. Somit war die Stornello für die Rettung und Neuaufstellung von Moto Guzzi sehr bedeutend – ein echter Star.

Ab Mitte der 1950er-Jahre hatte Moto Guzzi eine nur noch schwer zu vermarktende Modellpalette. Die angebotenen Motorräder waren schlicht veraltet und wurden entsprechend kaum nachgefragt. Der Kleinwagen (vor allem der Fiat 500) begann die Motorräder zu verdrängen. Alle Hersteller bemühten sich, schnell neue Modelle zu entwickeln und die treue Kundschaft zu halten, die noch nicht ins Auto umgestiegen war. Der Viertaktmotor war wesentlich beliebter als der Zweitakter, er erwies sich bei Langstreckenrennen als überlegener, er war zuverlässiger und er verbrauchte weniger. Darüber hinaus waren schließlich auch fast alle Automobile mit Viertaktmotoren ausgerüstet, sodass seine Reputation einfach seriöser war.

Vor der Stornello hatte Moto Guzzi die Lodola 175 – eine moderne, aufwendige und teure Konstruktion. Die Entwicklung und Einrichtung der Montagelinie hatten Unsummen verschlungen, doch die Verkaufserfolge blieben hinter den Erwartungen zurück. Die Absatzkrise spitzte sich immer weiter zu, denn das Auto bot nicht nur Platz für die ganze Familie und mehr Sicherheit, sondern es wurde zudem steuerlich gefördert. Die verbliebenen Motorrad-Freunde sollten mit einem sparsamen, aber rassigen Fahrzeug gewonnen werden. Die Stornello 125 sollte für Guzzi die von der Lodola enttäuschte Kundschaft zurückgewinnen. Sie kam spät – die Gilera Giubileo und die Morini Corsaro waren längst eingeführt. 1959 nahm das von Carcano entworfene Projekt Gestalt an und 1960 war es fertig. Der Motor war sehr simpel aufgebaut – die Ventile hingen parallel im Zylinderkopf (der Motor konnte überdreht werden, ohne Schäden an ihnen oder dem Kolben zu riskieren), das Öl befand sich in der Ölwanne unten am Motor, und dessen Gehäusehälften wurden im Druckgussverfahren gefertigt. Die Leistung war moderat: 7 PS bei 7200 U/min reichten für nicht ganz 100 km/h aus. Die Maschine kam bei den Kunden gut an – waren die Zeiten auch schlecht, und reichte das Geld nur für ein einfaches Modell, dann sollte es wenigstens ein solides Markenprodukt von Moto Guzzi sein. Bereits 1961 erhielt Todero den Auftrag, eine kräftigere und schnellere Version zu entwickeln.

Der Motor der 125 Sport war grundlegend überarbeitet: Die Ventile hingen nicht mehr parallel, sondern im Win-

kel zueinander im Kopf – allerdings quer zur Fahrtrichtung, sodass der Vergaser hinten links und der Auspuff vorne rechts angeflanscht waren. Die Kühlrippen hatte man vergrößert und der Motor leistete 10 PS, womit sich bereits einiges anfangen ließ. Gleichzeitig wurde eine Geländevariante entwickelt, zunächst betreute die Rennabteilung diese Fahrzeuge. Viele – auch internationale – Siege wurden damit eingefahren. Später gab es die Geländemaschine auch serienmäßig, sie war allerdings einfacher aufgebaut und hatte weniger Leistung. Aufgrund des Erfolges der Maschine und auch der Probleme bei Guzzi unterblieben weitere Entwicklungsschritte, und der Rivale Gilera gewann bei Geländemaschinen die Überhand. Die Straßenversion blieb begehrt, und es entstanden zahlreiche Varianten, zudem wurden Motor und Fahrwerk stetig aktualisiert. 1968 stand die größte Stornello mit 160 cm^3 Hubraum bereit, mit der auch auf der Autobahn gefahren werden durfte. Man hatte einfach einen größeren Zylinder auf das vorhandene Motorgehäuse gesetzt, doch der Zuverlässigkeit tat dies keinen Abbruch. 1969 zeigte man unter Leitung der SEIMM in Mailand drei neue Modelle, deren Motoren nun alle dem Sportmodell entsprachen. Der Zylinder und der Kopf waren nun kantig verrippt, die Kurbelwelle war verstärkt und das neue Getriebe wies fünf Gänge auf. Der 13,2 PS leistende 125er-Motor wurde in das Gelände- und das Straßenmodell eingebaut, das große 160 cm^3-Triebwerk mit 16,2 PS gab es nur in der Straßenmaschine. Auch das Gesamtdesign der Maschine war deutlich überarbeitet worden. Die Geländemaschine blieb erfolglos – zu stark war inzwischen die Konkurrenz durch die neuen Zweitakter. Die beiden Straßenmodelle blieben von 1971 bis 1975 im Programm; sie blieben aufgrund ihrer Zuverlässigkeit, ihres Fahrkomforts und ihrer angemessenen Fahrleistungen beliebt. Die einzige Neuerung war eine Änderung der Farbgestaltung. Mit der Übernahme des Werkes durch De Tomaso endete die Geschichte dieses für Guzzi wichtigen Motorrades – nach über 60000 Maschinen war kein Nachfolger vorgesehen.

Auf allen Wegen

Die Stornello wurde in zahlreichen Varianten angeboten, neben Straßenmodellen gab es auch Geländeversionen. Nach der Tourismo folgte bald die Sport (ganz oben), die bis 1968 gebaut wurde. Der von Todero überarbeitete Motor erhielt einen neuen Zylinderkopf (siehe Text) und leistete 3 PS mehr. Interessant ist auch das Geländemodell (oben), das seit 1965 in zahlreichen Varianten angeboten wurde. Bis 1968 entstanden davon etwa 5000 Exemplare.

Geländesport für harte Männer

Die Einstellung des Rennbetriebs Ende 1957 ließ die treue Fangemeinde – die Guzzisti – sprachlos zurück. Die Schließung war unvermeidlich, das Geld fehlte und der Werbeeffekt der immer gleichen Fotos war inzwischen kaum mehr spürbar. Dennoch wollte man bei Moto Guzzi nicht ganz tatenlos bleiben und sah eine Möglichkeit im immer beliebter werdenden Geländesport, der mit aus der Serie abgeleiteten Motorrädern relativ preiswert betrieben werden konnte. Zunächst wurde die Lodola (mit 175 und 250 cm³) eingesetzt, doch bald wurde ihr die Stornello für die kleineren Klassen zur Seite gestellt. Mit den Maschinen wurden zahlreiche – auch internationale – Rennen gewonnen, und sofort leitete man aus dem Wettbewerbsmodell ein Serienmotorrad ab, das sich ordentlich verkaufte. Moto Guzzis Serienmodelle hatten außer dem Namen wenig mit den Wettbewerbsmaschinen gemeinsam. Dennoch konnte sowohl die unbedingte Zuverlässigkeit beworben wie auch das Interesse von Jugendlichen geweckt werden, die mit 16 Jahren bereits eine 125er fahren durften.

Abseits der Straße

Der Geländeeinsatz erforderte spezielle Anbauteile: einen höheren und breiteren Lenker, hochgelegte Kotflügel und grobstollige Geländereifen. Das Erscheinungsbild wurde vom rundlichen Tank, der kurzen Sitzbank, dem kurzen hinteren Kotflügel und dem halbhoch verlegten Auspuff mit flachem Endtopf bestimmt. Ganz wichtig war der Steinschlagschutz vor dem Scheinwerfer.

Stabile Front

Obwohl nicht außergewöhnlich, zeigten sich die Federelemente den Anforderungen im Gelände meist gut gewachsen. Für wirklichen Wettbewerbseinsatz wurden jedoch Spezialteile von Ceriani eingesetzt. Zum Verzögern reichten vorne und hinten Simplex-Trommelbremsen.

Eine kurze Karriere

Ab Mitte der 1960er-Jahre gewann der Geländesport in Italien an Beliebtheit. Er forderte von den Herstellern wenig Einsatz und den Kunden machte der Sport viel Spaß. Die Stornello zeigte sich konkurrenzfähig, musste jedoch gegen starke Gegner von Gilera und Morini antreten, zudem litt sie unter fehlender Weiterentwicklung. Nach der Übernahme von Guzzi durch die SEIMM änderten sich die Prioritäten: Es mussten Motorräder verkauft werden, um das Werk über Wasser zu halten. Ohne Weiterentwicklung endete die Stornello als normales Leichtmotorrad mit hochgelegtem Auspuff und Stollenreifen.

1971

Mit Fünfganggetriebe

Links der 1969 vorgestellte Prototyp der Scrambler 125 mit Fünfganggetriebe. Das ab 1971 in Serie gegangene Motorrad wies dagegen Veränderungen an Auspuff, Sitz, Tachometer und Scheinwerfer auf.

Kleine große Rivalen

Die großen Motorradhersteller sahen sich der Konkurrenz durch zahlreiche Firmen ausgesetzt, die kleine bei Minarelli oder Franco Morini gebaute Zweitaktmotoren in ihre Rahmen stellten und mit Zubehörteilen vervollständigten. Zweitakter waren inzwischen auch in der simpelsten Bauweise jedem Viertakter deutlich überlegen. Die kleinen Hersteller waren sehr flexibel, und Italien wurde von immer mehr Modellen überflutet. Stellvertretend für diese vielen Firmen sei hier Aspes genannt (auf dem Foto ist die hervorragende RCE 125 zu sehen), die mit einem 50 cm³-Minarelli-Motor zu den ersten am Markt gehörten.

Mit Serienmotor

In allen Geländesportvarianten kam der Serienmotor aus dem Sportmodell zum Einsatz – 10 PS mussten genügen. Seine Zuverlässigkeit, das robuste Vierganggetriebe und die fast unzerstörbare Kupplung waren legendär. Der Rahmen war dagegen an zahlreichen Stellen verstärkt.

Dingo!

Modellflut

Die Guzzi-Marketingabteilung betrieb die Diversifizierung der Dingo-Modellpalette bis ins Extrem, sodass für jeden Käuferkreis eine Variante angeboten werden konnte. Sehr wichtig wurden die Fahrzeuge für Jugendliche, die auf sportliche Kleinmotorräder für die Straße und das Gelände standen. 1966 kam die Cross – erst mit drei, später mit vier Gängen –, bis 1968 wurden mehr als 12000 Exemplare davon gebaut. Mit ihrem grünen Tank mit schwarzen Streifen, dem langen Sitz, dem hochgezogenen Auspuff, den Stollenreifen und dem Crosslenker sah sie einfach »scharf« aus. Mit einer solchen Maschine fuhr Roberto Patrignani 1966 durch Afrika – besser ließen sich Qualität und Zuverlässigkeit kaum unter Beweis stellen.

Kann man überhaupt von einem Wunder sprechen, wenn sich ein technisches Produkt als erfolgreich erweist? Aus technischer Sicht sicher nicht, und auch der größte Verkaufserfolg beruht auf Berechnung und harter Arbeit. Dennoch gibt es Produkte, die einen unerwarteten kommerziellen Erfolg haben und eine große Nachfrage erzeugen. Moto Guzzi ging es mit der Dingo 50 so – und das zu einem Zeitpunkt, als alles schon verloren schien und das Ende nahte. Die Dingo war der Erfolg, der Guzzi durch die frühen 1960er-Jahre führte. Ihr Vater war Micucci, einer der noch von Carlo Guzzi eingestellten Ingenieure, der Spezialist für Rennmaschinen war, sich aber gegen Carcano nicht durchsetzen konnte und so zum Experten für Fahrzeuge wurde, die sich auch einfache Leute leisten konnten. Von ihm stammte die Guzzino 65, die Zigolo 98/110 und die Dingo – alle mit genialen Anlagen. Micucci stand unter Druck, denn Moto Guzzi hatte den Beginn der Krise verschlafen, während andere Hersteller bereits zahlreiche Modelle am Markt etabliert hatten. Zudem musste das neue Fahrzeug natürlich eine echte Guzzi werden – ein Fehlschlag hätte das Ende der Firma

50 cm³ – ein italienisches Phänomen

Die immense Nachfrage der Jugend nach 50 cm³-Motorrädern (also nicht nach Mopeds!) eröffnete in der Industriegeschichte Italiens ein neues Kapitel. Die Basis des überwältigenden Erfolges war die Bereitstellung von kompletten Einbaumotoren, wie sie die zwei darauf spezialisierten Motorenhersteller Minarelli und Franco Morini Motori anboten. Jeder Handwerksbetrieb, der in der Lage war, einen Rahmen zusammenzuschweißen, konnte nun Kleinmotorräder anbieten – die Zulieferindustrie bot alle weiteren nötigen Bauteile an. Dies erforderte nur geringe Investitionen, und es entstanden zahllose Modelle zu günstigen Preisen, die den Herstellern aus den Händen gerissen wurden. Bestes Beispiel für diese Entwicklung ist Fantic: Das Geländemodell Caballero zeigte auf eindrucksvolle Weise, wie wenig es brauchte, um ein tolles Motorrad zu bauen.

Wichtige Details

Bei aller Einfachheit bot die Dingo alles, was man brauchte – und noch manches mehr, wie das Crossmodell in seiner von 1970 bis 1973 gebauten letzten Version zeigt. Tachometer und Gepäckträger waren serienmäßig, die Bedienungsanleitung (rechts) war gefüllt mit Informationen und Ratschlägen.

bedeutet. Er löste das Problem auf die denkbar beste Art und Weise.

Die neue 50er – Dingo genannt – sprengte in zehn Jahren alle Verkaufsrekorde: Mehr als 160000 Maschinen entstanden in zahlreichen Modellvarianten. 1961 wurde mit ersten Planungen eines 50 cm³-Motorrades begonnen. Ein Jahr später war der Motor fertig und die Erprobung konnte beginnen. Ende 1963 standen die ersten Dingos bei den Händlern. Zunächst gab es zwei Versionen: ein Moped mit Durchstieg und ein aggressiver gestaltetes Sportmodell für die Jugend. Trotz vieler gleicher Teile schien es sich um zwei völlig verschiede-

5 PS-Motor

Die letzte Serie der Dingo 4M: Das in Silentblöcken gelagerte Triebwerk atmete durch einen 16 mm Dell'Orto-Vergaser und übertrug über ein Viergang-getriebe 5 PS bei 6500 U/min auf das Hinterrad.

Ein großer Erfolg

Neben den Mopedversionen MM und 3M baute Moto Guzzi drei Kleinmotorrad-Varianten mit Brückenrahmen, die aussahen wie Rennmotorräder. Ab 1970 waren besonders die Modelle Cross und GranTurismo sehr begehrt – mehr als 12000 dieser Fahrzeuge wurden gebaut. Nicht so erfolgreich war die SuperSport, die bereits nach 1300 Exemplaren 1971 wieder aus dem Programm verschwand. Die Jahre 1969 und 1970 waren die besten Dingo-Jahre: 50000 Stück verließen das Werk am Comer See.

ne Modelle zu handeln. Das Besondere an der Dingo waren jedoch nicht die beiden Versionen, der Motor machte den Unterschied.

Die Lauffläche des um 25° nach vorne geneigten Leichtmetallzylinders war verchromt, was dem Gewicht, der Kühlung und dem Ölverbrauch zugute kam (es konnte mit 1:50-Gemisch gefahren werden – üblich war seinerzeit 1:20). Das Dreiganggetriebe wurde per Hand geschaltet. Der Motor überzeugte mit gefälligen Linien. Der Zylinder war großzügig verrippt, und der Kickstarter wurde nach vorne getreten. Das Triebwerk wurde in Silentblöcken in einen modernen Brückenrahmen gesteckt, der die Jugend ansprach, weil er wie ein echter Motorradrahmen aussah. Auch der Tank und die Sitzbank wirkten sehr sportlich, lediglich die Handschaltung wurde erst mit dem 1966 eingeführten Vierganggetriebe durch eine »echte« Fußschaltung ersetzt – andere Hersteller waren hier deutlich schneller. Die Dingo wurde tatsächlich fertig, bevor bei Moto Guzzi die Tore geschlossen werden mussten. Das Fahrzeug sah gut aus und glänzte mit bemerkenswerter Zuverlässigkeit. Sein Herz war der leistungsfähige Motor, der auch dank eines 16 mm-Vergasers (üblich waren in dieser Klasse 12 bis 14 mm) beachtliche 5 PS bei 6500 U/min erzeugte, was für 80 km/h Höchstgeschwindigkeit ausreichte. Auch bei dauerhaft hohen Drehzahlen gab es keine Probleme – Kolbenklemmer waren ihm unbekannt. Die Modellpflege verlief zweigleisig. Das Moped mit Durchstieg sowie Automatik oder Dreiganggetriebe stand etwas im Schatten der Vespa Ciao und der Garelli Gulp. Für Jugendliche, die von einem Motorrad träumten, gab es das Sportmodell, die SuperSport mit Stummellenkern, die Reisemaschine GranTourismo und die Geländemaschine Cross mit hochgelegtem Auspuff und Stollenreifen. Das Ende für die Dingos kam 1970 – es gab modernere und schnellere Konkurrenten. De Tomaso ließ die 50 cm^3-Modelle auslaufen, denn Moto Guzzi sollte sich ausschließlich auf Motorräder konzentrieren.

Die Jahre der Trotter

In den 1960er-Jahren dominierte das Moped das italienische Straßenbild. Der Grund hierfür lag in der 1959 reformierten Zulassungsordnung: Motorräder wurden höher besteuert, doch 50er durften ab dem 14. Lebensjahr ohne Führerschein und Versicherungspflicht gefahren werden; ihre Besteuerung war lächerlich gering. Alle Hersteller nahmen die Fertigung von Mopeds auf, weil sie hofften, damit die rapide fallenden Verkaufszahlen großer Maschinen ausgleichen zu können. Alle diese Mopeds ähnelten sich, sie hatten Fahrwerke mit Durchstieg (Frauen trugen damals noch Röcke!) sowie Pedale wie ein Fahrrad. Die erfolgreichsten Modelle sollten zunächst die Benelli Export und die Moto Guzzi Dingo werden. Bei Piaggio konzentrierte man sich noch auf die Vespa und bot kein Moped an; erst 1967 kam die Ciao, um mit insgesamt drei Millionen Exemplaren (allerdings in 40 Jahren) alle anderen zu deklassieren. Bei Moto Guzzi wollte man diesen Markt mit den hohen Zulassungszahlen dennoch nicht kampflos preisgeben, also musste ein noch einfacheres Fahrzeug gebaut werden. 1966 erschien die kaum mehr zu vereinfachende Trotter (engl.: Traber) mit der Guzzi-typischen Robustheit, einem Zweigang-Automatikgetriebe und ohne jegliche Federung. Der Motor hatte anfangs nur 40 cm³ Hubraum und wurde stetig weiterentwickelt. 1968 wurde der Motor auf 48 cm³ vergrößert und mit einer stufenlosen Automatik ausgerüstet, hinzu kam eine Vorderradfederung; auf Wunsch war auch eine Variante, ab 1969 war zudem eine Hinterradfederung erhältlich. Die Piaggio-Modelle Ciao, Boxer und Si beendeten die Karriere der Trotter, dennoch wurden mehr als 100000 Exemplare gebaut.

Zylinder hoch, Zylinder runter

In der Trotter wurden zwei verschiedene Motoren eingesetzt. Der erste hatte nur 40 cm³ Hubraum und einen schräg nach vorne geneigten Zylinder, wogegen das ab 1970 eingesetzte Triebwerk 48 cm³ und einen liegenden Zylinder aufwies. Links die Trotter Special (1970 bis 1973), unten die Montagelinie, auf der 1968 das Modell Super mit Teleskopgabel gefertigt wird.

Die Ciao schlägt alle!

Die Piaggio Ciao definierte den Begriff Moped neu. Das Fahrzeug bot zwar auch zahlreiche interessante Details, sein herausragender Erfolg basierte jedoch neben der gefälligen Linienführung vor allem auf einer professionellen Werbekampagne, die alle Mitbewerber sehr altbacken aussehen ließ. Piaggio sprach 1968 Jugendliche, Studenten und Stadtbewohner an – so wurde die Ciao Teil des zu dieser Zeit stattfindenden kulturellen Umbruchs, zudem war sie sparsam und äußerst robust. Das Fahrzeug verkaufte sich bis in die 1980er-Jahre sehr gut und wurde erst dann durch die aufkommenden Automatikroller verdrängt. Die Produktion wurde erst 2006 eingestellt.

Prototypen

Verpasste Gelegenheit

Unten ist zu sehen, wie perfekt Carcanos V2-Motor in den Fiat 500 passte. Der Guzzi-Chefingenieur hatte 1961 mit der Arbeit an diesem Triebwerk begonnen. Dabei entstanden zwei Versionen: einer mit 500 cm³ und 25 PS und einer mit 650 cm³ und 34 PS, beide waren deutlich stärker als Fiats serienmäßiger Paralleltwin mit nur 18 PS. Die Autobauer aus Turin zeigten jedoch kein Interesse – in einer sehr schwierigen Zeit ein herber Rückschlag für Moto Guzzi.

Bei jedem Fahrzeughersteller sind Prototypen und Versuchsmodelle von großem historischem Interesse – egal, ob es sich um Automobile oder Motorräder handelt. Seit den Pioniertagen vor und nach dem Ersten Weltkrieg mussten die Ingenieure das Gleichgewicht zwischen dem technisch Möglichen und den daraus entstehenden Kosten – im Werk wie bei den Kunden – ständig neu herausfinden. Oft mussten Projekte aufgegeben werden, die niemals einen Kunden gefunden hätten. Die schließlich in Serie gegangenen Fahrzeuge blieben meist hinter dem technisch Machbaren und auch Wünschenswerten zurück, die Fahrzeuge wären zu teuer und für viele unbezahlbar geworden.

Ein Beispiel aus der Geschichte von Moto Guzzi: Für die Guzzino 65 wurde zunächst ein Viertaktmotor mit oben liegender Nockenwelle entworfen – einige wenige Exemplare haben überlebt oder wurden nachgebaut –, man wollte einen typischen Guzzi-Motor bauen, und das war eben ein Viertakter. Allerdings brachte die Notwendigkeit, den Kaufpreis der kleinen Maschine moderat zu halten das Aus für diesen Motor, und es wurde ein simpler Zweitakter gebaut. Dieser Motor hatte etwas weniger Leistung, die aber vollauf genügte, und er qualmte natürlich aus dem Auspuff, aber er war viel preiswerter herzustellen und machte so den Verkaufserfolg erst möglich. Bei Moto Guzzi wurden im Laufe der Zeit unzählige Prototypen gebaut, davon erwiesen sich viele – technisch oder kommerziell – als untauglich und erreichten niemals die Serienreife. Dank der glücklichen Umstände, dass (fast) nichts weggeworfen oder verschrottet wurde und der Zweite Weltkrieg Lager und Archive am Comer See verschonte, kann die Geschichte der Marke und ihrer Produkte heute lückenlos dokumentiert werden. Das ist eine faszinierende Zeitreise, bei der man Geistesblitzen und Absurditäten, glücklichen Fügungen und totgeborenen Projekten begegnet. Am Ende dieser Reise stellt sich die unvermeidliche, leider aber unbeantwortbare Frage, ob das eine oder andere Projekt fertig entwickelt und erprobt nicht doch erfolgreich gewesen wäre. Die Schicksale der Prototypen bleiben ein ewig faszinierendes Gedankenspiel, ein immerwährendes »Was wäre gewesen, wenn?«. Viele der Prototypen sind heute im Werksmuseum ausgestellt, vieles ist auch noch im Werk verborgen, liegt noch in der alten Versuchsabteilung, in Kellern und auf Dachböden, verpackt in vergessenen Kisten, oder rostet im Freien vor sich hin.

Wer heute das Glück hat, an diesen Orten stöbern zu dürfen, und verborgene Schätze sucht, die einst von Moto Guzzi-Mitarbeitern geschaffen wurden, dem

Fiat 500-Tuning

Wer weiß, wie die Geschichte verlaufen wäre, wenn Fiat bei Moto Guzzi Motoren für den 500er bestellt hätte. Der von Dante Giacosa entwickelte Wagen erreichte mit 18 PS eine Höchstgeschwindigkeit von 90 km/h, Carcanos V2-Triebwerk hätte ihn mit seinen 34 PS über 140 km/h schnell gemacht. Fiat betrachtete die Leistung des eigenen Motors als ausreichend, sodass sich in der Folge zahlreiche Tuningfirmen damit beschäftigten, den Cinquecento schneller zu machen – Abarth und Giannini waren die bekanntesten. Vielleicht hätte Moto Guzzi ähnlich verfahren und den Motor auf eigene Rechnung anbieten sollen. Doch dafür fehlten sowohl der unternehmerische Mut wie auch die nötige Erfahrung. Eine weitere verpasste Gelegenheit – für beide Seiten.

Immer erfindungsreich

Links die revolutionäre Ghez 50 mit Zweizylinder-Zweitaktmotor und Fünfganggetriebe von 1969. Tank und Bremsen stammten von der Stornello, der Rahmen von der Dingo, hinzu kam ein Doppelinstrument mit Tacho und Drehzahlmesser. Das aufwendige und aufregende Fahrzeug wurde leider ausgebremst von den sich verschärfenden Bestimmungen der Zulassungsordnung.
Unten ein Prototyp aus den 1950er-Jahren, von dem lediglich dieses Bild existiert. Das Motorrad hat einen 350er-Einzylinder mit leicht angehobenem Zylinder und Nasssumpfschmierung. 1955 wurde der Motor in die 350 GT eingebaut, deren Prototyp erhalten geblieben ist – zu einer Serienfertigung kam es auch hier nicht. Neben den ausladenden Karosserieteilen ist das Reserverad bemerkenswert, welches wie beim Galletto quer vor dem Beinschild montiert ist.

drängt sich Bewunderung auf: Was konnte man bei Guzzi auch in schweren Zeiten alles leisten! Und gleichzeitig bekümmert es dass all dies heute wertlos ist und vielleicht sogar eines Tages verloren geht. Doch alles in Mandello wird so bleiben wie es ist, solange das Werk besteht und die Besitzer es nicht an der nötigen Sorgfalt fehlen lassen.

Neben aller Sentimentalität bestätigen die Schätze der Vergangenheit allerdings auch ein altes Vorurteil, wonach Moto Guzzi immer viel zu vorsichtig agierte, zu konservativ blieb und zu spät auf neue Anforderungen des Marktes reagierte, dabei stoisch an Carlo Guzzis Prinzipien der 1920er-Jahre festhielt und jede Abweichung als Verrat wertete. Die Geschichte der Fima Moto Guzzi kann in zwei Phasen unterteilt werden: Zuerst kam die Zeit des Wachstums, als Carlo Guzzis Ideen innovativ und produktiv waren; ab etwa 1950 begann dann die Periode des Niedergangs, als genau dieselben Ideen veraltet waren und sich als Bremsen herausstellten.

Trotz dieser Probleme gab es für die Entwicklungsabteilung immer genug zu tun, denn die Ingenieure waren stets voller Ideen und probierten zahlreiche Projekte aus, auch wenn dies angesichts des Niedergangs kaum noch möglich war. Die Entdeckung all dieser Versuche zeigt – wenn auch nur auf Fotos – eine überraschende Dynamik. Vermutlich können ähnliche Geschichten auch über andere Firmen berichtet werden, aber kaum ein Werk kann noch heute Beweise dafür vorlegen.

Die Bedeutung des Designs

Bevor man sich 1965 für die endgültige Formgebung der Dingo entschied, entstanden zahlreiche Studien mit unterschiedlichsten Modellen. Die Super-Dingo (ganz oben) zeigte deutlich, welch hohen Stellenwert das Design auch in diesen schwierigen Zeiten hatte. Der Tank schien direkt von einer Rennmaschine zu stammen (er ähnelte dem der Norton Kneeler 500). Der in Schwarz gehaltene Auspuff war trompetenförmig ausgeführt.
Darunter ist eine weitere Studie für die Zigolo aus den frühen 1960er-Jahren zu sehen, die niemals die Serienreife erlangte.

Die Entwicklungsabteilung war nach 1957 auf jeden Fall das Herz des Guzzi-Werks (in Zukunft wird die Abteilung auf Anweisung von Piaggio nach Noale zu Aprilia verlegt). Aus den zahlreichen Prototypen haben wir signifikante Fahrzeuge ausgewählt, die drei Zeiträumen zuzuordnen sind: Das erste stammt aus den 1950er-Jahren, als es schien, dass Moto Guzzi von niemandem ernstlich gefährdet werden könne; das zweite stammt aus den 1960er-Jahren, als man zeigen wollte, dass Moto Guzzi niemals aufgeben würde, selbst wenn das Werk am nächsten Tag seine Tore schließen sollte; und das letzte entstand in der Zeit der Wiederauferstehung unter Leitung der SEIMM mit dem anschließenden Verkauf an De Tomaso.

Um ein Bild von der Leistungsfähigkeit zu bekommen, sei an den 500er-Rennmotor von 1936 erinnert, der zu dieser Zeit schlicht eine Sensation war: Ein V2-Motor mit 120° Zylinderwinkel, Wasserkühlung, DOHC-Steuerung und Kompressor-Aufladung – ein Kunstwerk, von dem zahlreiche Details erst 30 Jahre später Allgemeingut wurden. Dann gab es die 350er-Einzylinder von 1955, die zwischen Airone 250 und Falcone 500 angesiedelt werden sollte. Das in einem neuen Motorgehäuse steckende kompakte Triebwerk war mit einem 38 mm-Vergaser ausgerüstet, sodass eine außergewöhnliche Leistung zu erwarten war. Nur zwei Jahre später gab es eine 125er mit Zweitaktmotor und Blechkastenrahmen, in dem der Tank integriert war, der zugleich die Instrumente trug. All diese Details sah man erst zehn Jahre später wieder! Der Zylinder war großflächig mit Kühlrippen versehen, am Kopf waren sie ringförmig angesetzt. Ein weiteres Beispiel ist die aus einer simplen Dingo konstruierte Sportausführung, die einen Renntank mit Knie-Ausbuchtungen, einen großen Vergaser mit markantem Trichter und einen schwarzen Trompetenauspuff aufwies. Ein echter Hingucker!

Hauptsache originell

Links der Prototyp eines 50er-Minibikes, wie er 1969 in Mailand gezeigt wurde. Der verchromte Auspuff folgte dem Verlauf des Rahmens und endete wie bei heutigen Superbikes mittig über dem Hinterrad. Das Luftpolster der 10-Zoll-Räder stellte die einzige Federung dar und der Lenker konnte eingeklappt werden. Der mit einem 16 mm-Vergaser ausgerüstete Motor stammte von der Dingo 4M. Unten der Dreiradroller aus den frühen 1950er-Jahren. Vielleicht war es gut so, dass er nicht in Serie ging ...

Moto Guzzi versuchte auch mit Motorrollern sein Glück, doch Piaggio war darin einfach unschlagbar. Also machte man sich weitere Gedanken: Etwas Originelles und Sicheres sollte es sein, bei dem Straßenbahnschienen und nasses Kopfsteinpflaster ihre Schrecken verlieren würden – ein Dreirad (Foto rechts), wie es heute im Werksmuseum zu besichtigen ist. Ein radikales Beispiel blieb die Ghez 50, die mit ihrem kleinen Zweizylinder-Zweitaktmotor 1969 sogar schon der Öffentlichkeit vorgestellt worden war, und die doch nie in Serie ging. Immerhin konnte man damit den zahlreichen kleineren Herstellern zeigen, wozu man bei Moto Guzzi fähig war, wenn man nur wollte. Jeder 25 cm³ große Zylinder hatte seinen eigenen 16 mm-Vergaser, dazu kamen ein Fünfganggetriebe und ein Drehzahlmesser. Kleine Zweitakt-Twins gab es von Yamaha (mit 100 und 125 cm³ Hubraum), in den 1970er-Jahren folgten Malanca, Motobecane und Benelli, allerdings immer mit 125 cm³. Schade, dass man sich bei Moto Guzzi nicht durchringen konnte, die Ghez in Serie zu bauen, sodass es niemandem

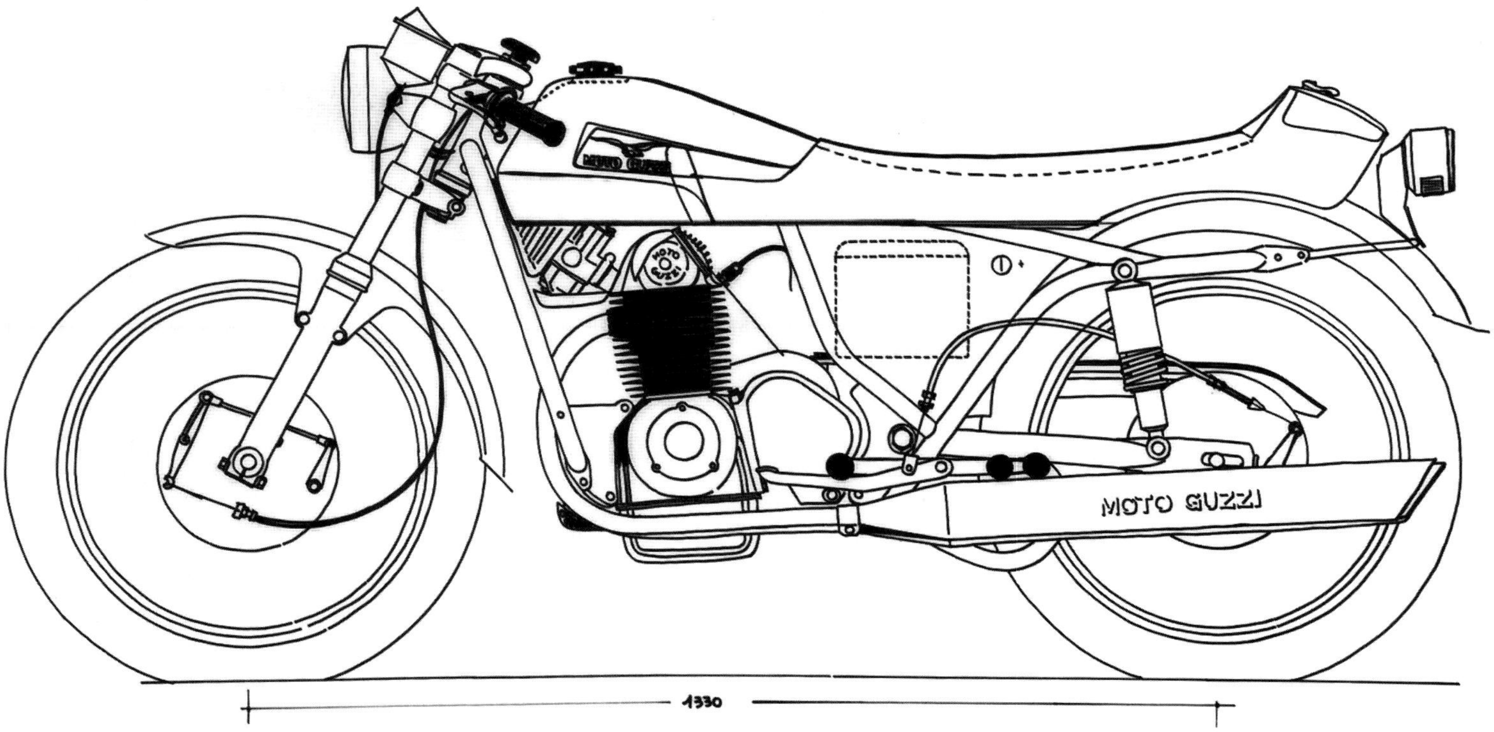

Unbekannte Konstruktionen

Im Werksarchiv befinden sich zahlreiche Entwürfe und Skizzen verschiedener Mitarbeiter aus den 1970er-Jahren. Obwohl pure Fantasie, sind doch einige Details erwähnenswert, und alle zeigen, dass der Wille da war, etwas für Moto Guzzi tun zu wollen. Hier ist der Entwurf eines sportlichen Ein- oder Zweizylindermotors mit OHC-Steuerung abgebildet.

vergönnt war, ein solch aufregendes und anspruchsvolles »Moped« fahren zu dürfen. Niemand kann erklären, warum es keine stärkere 125er gab als die Stornello mit ihren 10 PS. Als es sie unter De Tomaso endlich gab, waren es in Wirklichkeit Benellis, denen ein Guzzi-Adler an den Tank geklebt war.

Unter den vielen anderen Prototypen findet sich Lino Tontis V2-Motor mit 350 cm³ von 1972, der auch als 500er gebaut werden konnte. Ein tolles Motorrad – eine kleine Moto Guzzi mit V-Motor, die ein großer Erfolg hätte werden können. De Tomaso bestand jedoch auf Vierzylindermotoren, um den Japanern Gleiches entgegensetzen zu können – wenig später sollte er seine Entscheidung bereuen. Also wurde Tonti beauftragt, erneut kleine V-Motoren mit 350 und 500 cm³ zu entwickeln – und Ende der 1970er-Jahre entstanden endlich die erfolgreichen Modelle V35 und V50.

Vor Kurzem wurden erneut einige Prototypen entdeckt, sie waren völlig verstaubt und es fehlten bereits einige Teile. Darunter fand sich eine Ippogrifo (Hippogryph – ein Fabelwesen aus Pferd und Greif) mit einem völlig neuen Motor, der aus einem unbemannten Aufklärungsflugzeug (Drone) stammte, sowie eine 750er-Enduro, die eventuell den Erfolg der Honda Transalp hätte gefährden können, wenn man sie Ende der 1980er-Jahre herausgebracht hätte.

Lino Tonti – der Fleißige

Es gibt Konstrukteure, die ihr ganzes Leben weitgehend unbekannt bleiben. Manche scheuen die Öffentlichkeit, andere ordnen sich völlig dem Namen ihres Auftraggebers unter. Kaum jemand wusste oder weiß, wer die jeweils neuesten Benelli, BSA, Gilera oder BMW entworfen hat. Doch dann gibt es noch diejenigen, die – oft ohne es zu wollen – berühmt geworden sind, deren Namen und Arbeit in der Öffentlichkeit bekannt sind. Spricht man von Ducati, denken viele an Fabio Taglioni und seine Desmo-Motoren. Als Vater des englischen Paralleltwins ist Edward Turner bekannt. Bei Moto Guzzi war es zunächst einfach: Carlo Guzzi war jahrzehntelang die prägende und allseits präsente Figur. Auch Giulio Cesare Carcano kannte in den 1950er-Jahren jeder (italienische) Motorradfan. Doch nach dem Tod des einen und dem Weggang des anderen entstand in Mandello eine gewisse Leere. Wer sollte nun neue Modelle entwerfen? Ende der 1960er-Jahre tauchte am Comer See ein Name auf, der vielen bereits bekannt war: Lino Tonti. Zwischen 1967 und 1993 war er für die Entwürfe aller Moto Guzzis verantwortlich, die noch heute legendär sind: V7 Sport, Le Mans und California.

Tonti wurde am 16. September 1920 in Cattolina geboren. Mit 17 Jahren begann er eine Lehre bei Benelli in Pesaro, im Zweiten Weltkrieg wurde er zur Luftwaffe eingezogen. 1949 baute er zusammen mit Massimo Pasolini (dem Vater des 1973 tödlich verunglückten Rennfahrers Renzo) für Aermacchi den Motorroller Cigno 125. 1957 ging er zu Mondial, wo er für die Saison 1958 eine 250er-Zweizylinder-Rennmaschine konstruierte. Zusammen mit dem Rennmechaniker Giuseppe Pattoni übernahm er viele Teile dieser Maschine. Zunächst verbesserten die beiden den Mondial-Einzylindermotor und entwarfen dann 1960 eine 250er-Zweizylindermaschine, die Paton (aus PAttoni und TONti) genannt wurde. Einen sehr ähnlichen Motor baute er später für Bianchi, doch diesem blieb der große Erfolg versagt, denn die Firma ging 1964 pleite. Es folgte ein Intermezzo bei Gilera, bis er zunächst für Premoli in Mailand eine 500er-Rennmaschine entwarf, die als einziges Motorrad seinen Namen trug: Linto (LINo TOnti). 1967 bei Guzzi begann er seine Arbeit mit der V7 Special, bevor er sich an die V7 Sport machte. 1973 ging Tonti ins De Tomaso-Planungsbüro nach Modena, wo er die Benelli 254 mit Vierzylindermotor entwickelte. Als die Vierzylindermodelle von Benelli/Guzzi immer weniger gefragt waren, beauftragte De Tomaso ihn mit der Entwicklung von kleinen V2-Triebwerken, die später in die V35 und die V50 implantiert werden sollten. Lino Tonti konstruierte auch viel, was dann nicht in Serie ging, darunter Einzylindermodelle mit 750 cm³ Hubraum, einen »W-Motor« mit 992 cm³, bei dem zwischen dem leicht gespreizten V ein dritter Zylinder senkrecht unter dem Tank stand, und einen 1000er-V4-Motor in der Guzzi-typischen Einbaulage. Tonti verließ Moto Guzzi nach einem Vierteljahrhundert, im Jahre 1993. Er starb am 8. Juni 2002.

Genial ...

... und konstant – so könnte man Lino Tontis Schaffen bei Moto Guzzi zwischen 1967 und 1993 beschreiben. Er schuf die wichtigsten Modelle dieser Zeit: die V7 Special und die V7 Sport, die Le Mans und auch die erste 1000er – die Convert mit Automatikgetriebe (Foto). Durch stetige Weiterentwicklung des V2-Triebwerks machte er es zum Symbol der Marke aus Mandello. Zusammen mit Brembo entwarf er das Integralbremssystem, das für mehr Sicherheit sorgen sollte. Mit der »kleinen« Baureihe (V 35/V 50) sorgte er dafür, dass Guzzi ab Ende der 1970er-Jahre nichts anderes als Motorräder mit V-Motoren baute. Vor der Zeit bei Moto Guzzi war Tonti schon bei zahlreichen anderen Herstellern tätig: Aermacchi, Mondial, Bianchi und Gilera.

Rekordfahrten

Vor vierzig Jahren

1969 fuhr Moto Guzzi das letzte Mal Geschwindigkeitsrekorde. Dies war am besten auf dem Kurs von Monza möglich, wo es überhöhte Kurven gab. Mit einer leistungsgesteigerten V7 wurden zahlreiche Rekorde aufgestellt – auch mit »Beiwagen« (siehe Foto). Herausragend war der Langstreckenrekord über zwölf Stunden mit über 180 km/h Durchschnittsgeschwindigkeit.

Aus heutiger Sicht, wo der Umweltschutz eine große Bedeutung hat, mögen Rekordfahrten als etwas überholt gelten, um damit Autos oder Motorräder zu bewerben, deren mehr oder weniger nahe Verwandtschaft auf einem Salzsee eine neue Bestleistung aufgestellt hatten. Bis Ende der 1970er-Jahre war dies jedoch eine bewährte Methode, die Fähigkeit der eigenen Produkte unter Beweis zu stellen. Geschwindigkeitsrekorde waren bedeutungsvoller als Rennsiege, und eine lobende Berichterstattung war jedem erfolgreichen Versuch gewiss. Ob auf Hochgeschwindigkeitskursen mit überhöhten Kurven wie in Monza oder Monthléry bei Paris oder auf geraden Pisten wie dem Salzsee beim amerikanischen Bonneville – alle Hersteller versuchten sich gegenseitig mit neuen und unglaublichen Rekorden zu übertrumpfen. Die Fachpresse berichtete unverzüglich, und besonders wichtig war dies für Firmen, die nicht (mehr) an internationalen Straßenrennen teilnahmen. Auch Moto Guzzi nahm die Herausforderung an. Bereits ab den 1920er-Jahren trug man stolz den Titel »Primato del Primati« (Bester der Besten), da die Firma aus Mandello die meisten Rekorde hielt. 1925 hatten die Piloten Gerhsi, Casale und Primi mit der Vierventil-Maschine C4V in Monza nicht weniger als 37 neue Rekorde aufgestellt, ein Jahr später kamen die Fahrer Saetti, Arcangeli und Corti mit einer 250er OHC-Maschine zurück und stellten 34 weitere Rekorde auf. Im Dezember 1938 fuhr Omobono Tenni mit einer aufgeladenen 250er 18 neue Rekorde und erreichte Durchschnittsgeschwindigkeiten von über 180 km/h. Um nach dem Krieg das Leichtmotorrad 65 bekannt zu machen, wurde bei Guzzi ein davon abgeleitetes Rekordfahrzeug entwickelt.

Die Rekordfahrten fanden diesmal nicht in Monza, sondern im schweizerischen Vallese statt, und es wurden 27 Klassenrekorde eingefahren. Unvergessen bleibt auch der Erfolg 1951 im französischen Monthléry, wo

Unzählige Rekorde

Das Besondere bei den Rekordfahrten in Monza war, dass Guzzi nicht wie sonst mit einem Rennmotorrad antrat, sondern mit einem modifizierten Serienfahrzeug – noch dazu einer Reisemaschine. Umso überzeugender waren die Ergebnisse. In der 750er-Klasse wurden 100 km in 28:10 zurückgelegt, was eine Durchschnittsgeschwindigkeit von 212,992 km/h bedeutete. Für 1000 Kilometer benötigte das Team 4:57:19, was 202,447 km/h entsprach. Die nächsten Rekorde wurden in der 1000 cm³-Klasse eingefahren: Über 100 km lag das Durchschnittstempo bei 218,426 km/h, und bei einer Fahrt über zwölf Stunden wurde im Schnitt 179,553 km/h schnell gefahren. Die Motoren waren stark modifiziert, mit neuen Nockenwellen, 38 mm-Vergasern und offenen Auspuffrohren ausgerüstet. Auch die Getriebe waren neu übersetzt worden. Alles Überflüssige wurde entfernt sowie der Tank und alle Verkleidungsteile aus Leichtmetall gefertigt, sodass das Leergewicht bei nur 160 kg lag.

Rekorde? Natürlich!

Das auf Basis der V7 gebaute Rekordfahrzeug für Monza. Das Motorrad wog knapp 160 kg, der Motor leistete 68 PS bei 7000 U/min (links). Dieses seltsam anmutende Rekordfahrzeug stellte 1950 in Monthléry 21 neue Rekorde in der Klasse bis 100 cm³ auf. Unter der Verkleidung steckte ein Zweitaktmotor mit lediglich 75 cm³, die Fahrer waren Alberti, Leoni und Ruffo (unten).

Lorenzetti, Ruffo und Andersson eine 250er-Gambalunghino fuhren. Abermals 1955 konnte hier mit der 350er-OHC-Guzzi ein neuer Stundenrekord mit 210 gefahrenen Kilometern aufgestellt werden. Der letzte Schlag kam dann im Februar 1957 in Terracina, wo sowohl mit der 350er wie auch der schon legendären V8 neue Rekorde über zehn Kilometer eingefahren wurden.

Mit der einsetzenden Krise ab Mitte der 1950er-Jahre verloren auch die Rekordfahrten an öffentlichem Interesse, sodass nicht nur italienische Hersteller sich nach und nach zurückzogen, sondern auch britische Motorradfabriken entschieden, dass die daraus resultierende Werbung nicht mehr zeitgemäß sei.

Es verging ein ganzes Jahrzehnt, bis man sich in Mandello zu neuen Taten rüstete. Der Zeitpunkt schien günstig, denn es gab keine Konkurrenz. Passend zu Moto Guzzis Wiederbelebung sollte zudem die öffentliche Aufmerksamkeit auf die Fabrik am Comer See gelenkt werden.

An zwei Tagen fanden unter der Leitung von Lino Tonti in Monza Rekordfahrten mit zwei getunten V7 statt – eine mit den üblichen 757 cm³ Hubraum für die 1000 cm³-Klasse und eine auf 740 cm³ reduzierte Maschine, um damit in der 750er-Klasse antreten zu können. Beide Maschinen hatten 68 PS Leistung. Als Fahrer traten Vittorio Brambilla, Silvano Bertarelli, Guido Mandracci, Alberto Pagani, Angelo Tentoni, Franco Trabalzini, Remo Venturi, George Auerbacher, Giuseppe Dal Toé und Roberto Patrignani an. Gefahren wurde in den Kategorien 10, 100 und 1000 km sowie eine, sechs und zwölf Stunden. Die dabei aufgestellten Rekorde wurden natürlich unverzüglich in die Werbung für die V7 Special einbezogen – der Slogan lautete: »Sie wollen zwölf Stunden lang 180 km/h fahren? Dann haben wir das richtige Motorrad für Sie!«

Falcone aufs Neue!

Als bei Moto Guzzi 1968 die Rückkehr der Falcone angekündigt wurde, waren die Erwartungen an das neue Motorrad hoch. Viele hatten die 500er-Guzzi nicht vergessen, und die Zeit sowie der Markt waren reif für eine modernere und praktische Neuauflage. Der eigentliche Grund für das Motorrad war jedoch eine Großbestellung von Polizei und Armee. Das Behördengeschäft war immer ein Standbein der Guzzi-Produktion – in schlechten Jahren noch wichtiger als in guten. Lino Tonti machte sich an die Arbeit, um den geforderten Anforderungen zu entsprechen – und diese waren angesichts des Ergebnisses offensichtlich eng umrissen. Mit seinem Einzelsattel und dem Tank in Form eines Teigklumpens sah das Motorrad einfach militärisch aus. Der Motor war – auch wenn er etwas veraltet wirkte – komplett neu. 1969 strömten die Liebhaber von Moto Guzzi zur Messe nach Mailand, um die Maschine zu sehen – und sie waren nicht nur wegen der plumpen Optik, sondern auch wegen der geringen Leistung (26 PS) und Höchstgeschwindigkeit (130 km/h) enttäuscht. Bereits die alte Falcone von 1950 erreichte mit 23 PS die gleiche Geschwindigkeit! 1971 erschien eine zivile Version, die zwar etwas besser aussah, aber nur auf wenig Interesse stieß; Guzzi versuchte, die Armeeversion als beigefarbenes Sahara-Modell an den Mann zu bringen, doch 1976 wurde die Produktion der Nuovo Falcone endgültig aufgegeben. Die Zeit für das von Carlo Guzzi geliebte Konzept eines simplen Einzylindermotorrades schien vorbei zu sein. Heute sind die gespanntauglichen Kaltblüter begehrte Sammlerfahrzeuge mit einer treuen Fangemeinde.

Doppeltes Lottchen

Nach der Militärversion entstand 1971 die Civile. Ein schnittiger Tank und eine Doppelsitzbank ließen die Maschine bereits wesentlich moderner erscheinen. Die Farbgebung hatte man von der Stornello übernommen: ein roter Rahmen mit weißen Anbauteilen.

Doppelauspuff

Typisch für beide Nuovo Falcone-Modelle war der doppelte Auspuff. Bei der Militare lagen zwei Zigarren übereinander, während die Civile zwei auseinanderlaufende Trompetentöpfe aufwies; diese erhielt zusätzlich zum Tachometer auch einen Drehzahlmesser.

1971–1976

Falcone Sahara

Das sandfarben gehaltene Militärmodell »Sahara« für den zivilen Markt sollte 1974 den Abgesang für die Guzzi-Einzylinder bilden. Wie alle Falcones war es mit einem Ventilausheber ausgerüstet (Bild gegenüber), der den Startvorgang erleichterte.

Gutes Fahrwerk

Das Beste an der Nuovo Falcone war der Rahmen. Als geschlossener Doppelschleifenrahmen war er etwas überdimensioniert, sorgte aber für eine sehr gute Straßenlage.

Neuer Motor, wenig Leistung

Auch wenn das neue Triebwerk Ähnlichkeiten mit dem alten Falcone-Motor aufwies, war fast alles daran geändert worden, nur der Hubraum (489,4 cm³) und das Bohrung/Hub-Verhältnis (88 x 82 mm) blieben gleich. Der Motor wies eine Nasssumpfschmierung mit Ölwanne auf, alle Bauteile waren ins Gehäuse integriert, und der Pleuel war gleitgelagert. Mit einem 29 mm Dell'Orto-Vergaser ausgerüstet erreichte das lediglich 6,8 : 1 verdichtende Triebwerk gerade einmal 26 PS bei 4800 U/min. Neben dem Kickstarter gab es einen Dyna-Elektrostarter. Das Getriebe ließ sich nur träge und krachend schalten.

Retrostyle

Keine Zugeständnisse an den Fortschritt: Trommelbremsen und weich abgestimmte Federelemente sorgten für einen an die Gesamterscheinung angepassten Fahrstil.

Mythos Joe Bar

Eduard Bracame

Das netteste Mitglied des Joe Bar-Teams ist zweifellos der Honda CB 750 Four-Fahrer Eduard Bracame. Leider ist er auch ein Pechvogel, stürzt oft, findet keine Freunde, wird von bösen Harley-Rockern verfolgt, von der Polizei gepiesackt und fängt sich permanent Strafzettel ein. Die Episode auf der folgenden Seite ist dem ersten Band entnommen.

Die 1970er-Jahre sind eine aufregende Zeit für Motorradliebhaber. Es gibt jedes Jahr neue Modelle, und die Motorleistung steigt in nie für möglich gehaltene Höhen. Eine kleine Gruppe von Enthusiasten (französisch: motard) trifft sich regelmäßig in der Kneipe einer französischen Kleinstadt – in Joe(s) Bar. Barmann Joe ist ein ruhiger Typ, der es liebt, mit seiner V7 Special die Gegend zu erkunden. Dies kann man von seinen Kunden nicht behaupten, denn die Jungs sind übermütig – und ihre Motorräder müssen das oft ausbaden. Jean Manchzeck fährt eine Norton Commando, Eduard Bracame eine Honda CB 750 Four, Jean-Raoul Ducable eine Kawasaki 750 H2 und Guido Brasletti eine Ducati 900 SS. Das Leben ist rau und gemein zu Motorradfahrern, die Stadt steckt voller Tücken, und ihr Alptraum schlechthin ist das Automobil – mit Heizung und Dach. Schlechtes Wetter schreckt sie nicht, die Polizei auch nicht, und immer wieder kommt es zu Konflikten mit Radarfallen und Verkehrskontrollen. Alle legen an ihren Maschinen Hand an, um schneller zu sein als die anderen, keiner von ihnen zögert, Benzin mit Nitroglyzerin anzureichern, um den

ewigen Rivalen die entscheidenden Sekunden abzunehmen. Oft enden die Fahrten im Krankenhaus, doch keiner macht daraus ein Drama. Neben der V7 Special von Joe taucht gelegentlich auch eine 750 S auf – wie in der Episode auf der folgenden Seite:

Der Guzzi ist der Sprit ausgegangen. Die beiden hilfreichen Retter in der Not betrachten es als ihre Pflicht, den Fahrer zu unterstützen, warten die Auskunft über den Grund der Panne allerdings gar nicht erst ab und beginnen damit, die Guzzi zu zerlegen, um den vermeintlichen Fehler zu entdecken. Der hilflose Fahrer bekommt einen Wutanfall, schwingt einen großen Schraubenschlüssel, vertreibt die beiden und beginnt, die Trümmer wieder zusammenzusetzen. Die Pointe naht in Gestalt von Eduard Bracame, der natürlich auch helfen möchte. Als der Guzzi-Fahrer ihm sagt, es fehle nur Benzin, beginnt Eduard laut zu lachen, weil er denkt, der Fahrer hätte das Chaos aus Unfähigkeit selbst angerichtet. Dafür muss er die Prügel einstecken, die eigentlich die anderen verdient hätten. Der Zeichner und Texter des Joe Bar-Team versteckt sich hinter dem Pseudonym Bar2, man weiß inzwischen, dass er Christian Debarre heißt, 1960 geboren wurde und 1977 mit dem Zeichnen begann. Seine rechte Hand heißt Stephane Deteindre. Die Abenteuer des Teams finden sich auch im Internet.

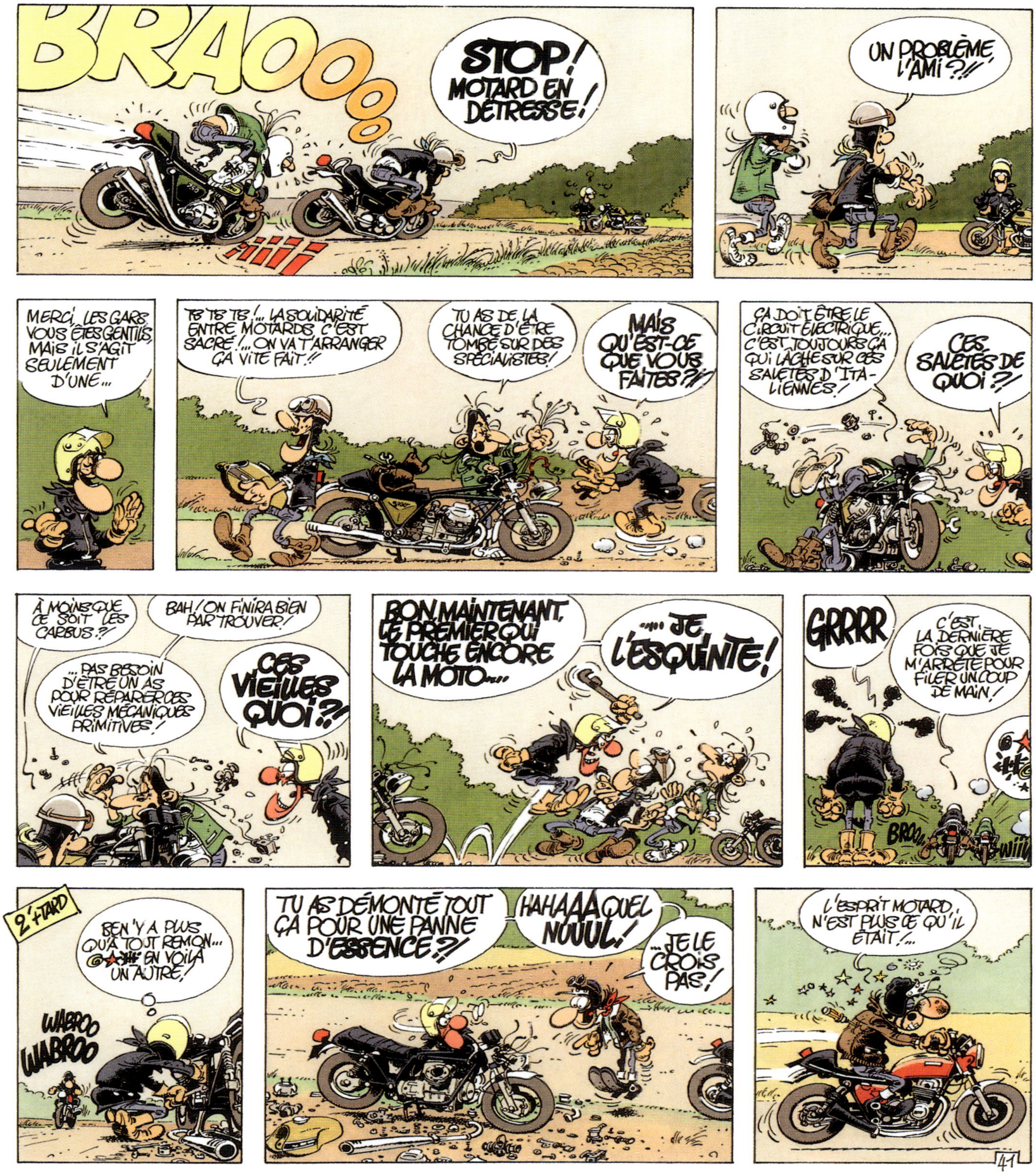
BRAOOoo
STOP! MOTARD EN DÉTRESSE!
UN PROBLÈME, L'AMI ?!!
MERCI, LES GARS VOUS ÊTES GENTILS, MAIS IL S'AGIT SEULEMENT D'UNE...
TS TS TS !... LA SOLIDARITÉ ENTRE MOTARDS, C'EST SACRÉ !... ON VA T'ARRANGER ÇA VITE FAIT !!
TU AS DE LA CHANCE D'ÊTRE TOMBÉ SUR DES SPÉCIALISTES!
MAIS QU'EST-CE QUE VOUS FAITES ?!!
ÇA DOIT ÊTRE LE CIRCUIT ÉLECTRIQUE... C'EST TOUJOURS ÇA QUI LÂCHE SUR CES SALETÉS D'ITA-LIENNES!
CES SALETÉS DE QUOI ?!
À MOINS QUE CE SOIT LES CARBUS ?!
BAH! ON FINIRA BIEN PAR TROUVER!
... PAS BESOIN D'ÊTRE UN AS POUR RÉPARER CES VIEILLES MÉCANIQUES PRIMITIVES!
CES VIEILLES QUOI ?!!
BON, MAINTENANT, LE PREMIER QUI TOUCHE ENCORE LA MOTO...
... JE L'ESQUINTE!
GRRRR
C'EST LA DERNIÈRE FOIS QUE JE M'ARRÊTE POUR FILER UN COUP DE MAIN!
BROO
WIII
2' + TARD
BEN Y A PLUS QU'À TOUT REMON... EN VOILÀ UN AUTRE!
WABROO WABROO
TU AS DÉMONTÉ TOUT ÇA POUR UNE PANNE D'ESSENCE ?!
HAHAAAA QUEL NUUUL!
... JE LE CROIS PAS!
L'ESPRIT MOTARD, N'EST PLUS CE QU'IL ÉTAIT!...
41

SHERIFF

Zwanzig Jahre unter De Tomaso

Alejandro De Tomaso – erst Retter, dann Totengräber.

Die kleinen V2-Geschwister: die Geschichte der V35 und der V50.

Moto Guzzi erobert die Vereinigten Staaten: die große Zeit der California.

Dieses Kapitel handelt von einem vielseitigen und genialen argentinischen Unternehmer. Er war Rennfahrer und Konstrukteur, listig und größenwahnsinnig. Er begann als Rennwagenbauer, sein Vorbild war Enzo Ferrari. Nachdem ihm bereits Benelli, Innocenti und Maserati gehörten, befand sich ab 1973 auch Moto Guzzi in seinen Händen. Er wollte die japanische Motorradindustrie mit ihren eigenen Waffen schlagen, aber es war ein ungleicher Kampf. Nach rauschenden Erfolgen versank Moto Guzzi in einen zwanzig Jahre währenden Katzenjammer.

Die Epoche Alejandro des Großen

Unter Sean Connery als James Bond in »Diamantenfieber« von 1971 machte die Guzzi V7 eine gute Figur (Seite 98).

Nur selten gelang es in Italien einer Staatsholding, eine Firma erfolgreich zu leiten. Doch genau das schaffte die SEIMM mit Moto Guzzi – innerhalb von zehn Jahren wurde die völlige Gesundung des Werkes erreicht. Nicht nur die Bilanzen stimmten, Moto Guzzi verfügte danach auch über eine vielversprechende Modellpalette und verdiente viel Geld. Also plante der Staat, sich zurückzuziehen. Später hätte man die Firma wohl an die Börse gebracht, doch damals wurde ein privater Investor gesucht.

Rückblickend betrachtet war das Ende der straffen Leitung durch die SEIMM keine besonders glückliche Zeit. Die italienische Industrie war Ende der 1960er-Jahre in eine Krise geraten, es fehlte überall an Kapital und neuen Ideen. Das Verhältnis zu den Gewerkschaften war allgemein schwierig – es wurde nicht miteinander gesprochen und auf Streiks oft mit Aussperrung reagiert. Im Motorradsektor kam die Besonderheit hinzu, dass die japanischen Hersteller ihre heftigen und dauerhaften Angriffe auf die Märkte Europas begonnen hatten. Sie verfügten über ausreichend Kapital, und ihre Motorräder waren denen der verbliebenen europäischen Hersteller weit überlegen. Italien wehrte sich eine Zeit lang mit Einfuhrbeschränkungen: Bei den in Italien besonders beliebten Maschinen mit weniger als 380 cm³ Hubraum wurde eine Quote festgelegt – die einheimischen Motorräder galten hingegen meist als veraltet.

Der Verkauf von Moto Guzzi sollte also nicht einfach werden. Naheliegend schien eine Übernahme durch Piaggio, wo man 1969 bereits Gilera übernommen und mit einer erneuerten Modellpalette wieder gut positioniert hatte: 1971 standen die moderne Arcore 125 und 150 sowie die 50er 5V Trial und 4V Super bereit. Doch in Pontedera reichten die Mittel nicht aus, um eine zweite, größere und noch dazu gesunde Firma zu übernehmen, sodass man mit Bedauern ablehnen musste. Auch die anderen italienischen Hersteller hatten nicht die Rücklagen, um die größte und bedeutendste Motorradfabrik des Landes übernehmen zu können. Die von der SEIMM geknüpften Kontakte nach Deutschland (BMW) und Österreich (KTM) führten ebenfalls zu keinem Ergebnis.

Überraschend wurde dann ein Angebot eines Unternehmers eingereicht, der zwar nicht zur ersten Garnitur gehörte, aber immerhin bereits Erfahrungen im Motorradbau hatte. Alejandro De Tomaso hatte Ende 1971 die Firma Benelli-MotoBi in Pesaro vor dem sicheren Ende bewahrt.

Der am 10. Juli 1928 als Spross einer der reichsten und mächtigsten Familien Argentiniens geborene De Tomaso soll bereits als Kind recht temperamentvoll gewesen sein und andere Meinungen als die eigene nur schwer ertragen haben. Nach der Schulzeit begann er eine vielversprechende Laufbahn als Journalist und stand, immer auf die Macht seiner Familie vertrauend, in Opposition

Benelli fiel zuerst

Seit der Gründung im Jahre 1911 war Benelli eine der wichtigsten Motorradfabriken Italiens. Sechs Brüder leiteten die Firma, das technische Genie war Giuseppe Benelli. Familienzwistigkeiten bestimmten das Geschick des Unternehmens. Giuseppe Benelli verließ 1950 die Firma und gründete ein eigenes Unternehmen: MotoBi. 1962 wurde MotoBi wieder ein Teil von Benelli. Alle sechs Benellis hatten Kinder und Enkel, die früher oder später die Firma leiten wollten. Bald wurden nur noch rote Zahlen geschrieben. Die Werksschließung vor Augen verkauften die Benellis an De Tomaso. Anfangs lief es nun recht gut, später dann wurde Benelli sich selbst überlassen. Schließlich musste das Werk als erstes der De Tomaso-Gruppe geschlossen werden.

Der neue Herrscher

Alejandro De Tomaso (10.7.1928 bis 21.5.2003) – hier auf der Haube eines seiner Sportwagen – wurde 1973 zum neuen Besitzer von Moto Guzzi. Zunächst lief alles vielversprechend, der italienische Motorradmarkt war durch Einfuhrbeschränkungen vor der japanischen Konkurrenz geschützt, und innerhalb des Landes gab es keine ernstzunehmenden Rivalen: Moto Morini war zu klein, Piaggio baute Roller und Kleinmotorräder (Gilera). Bei Ducati und Laverda wurden zwar vergleichbare Modelle angeboten, die Firma aus Bologna war jedoch in einer konfusen Lage und betrieb eine falsche Modellpolitik, während das Werk in Breganze sich auf exklusive Dreizylinder-Maschinen mit 1000 oder gar 1200 cm³ Hubraum konzentrierte. Der Rest waren kleine Spezialanbieter für Geländemaschinen oder Mopeds. Somit fiel es Moto Guzzi nicht schwer, Marktanteile zu gewinnen. Das Werk in Mandello blieb bis zum Jahre 2000 in De Tomasos Besitz, dann musste er es an Aprilia verkaufen.

zum Regime Peron. Doch bald wurde ihm geraten, das Land zu verlassen, bevor es zu spät sei. 1955 landete er in Italien, wo er Mittel und Wege fand, sich seiner Leidenschaft zu widmen: den Motoren.

Finanziell immer noch abgesichert, begann er Autorennen zu fahren. Er war erfolgreich und gewann bis 1959 auf Maseratis mehr als zwanzig Rennen, darunter war auch ein Klassensieg beim 24-Stunden-Rennen von Le Mans. Bald reichte ihm das Fahren nicht mehr aus, und er entwickelte andere Pläne: Er wollte eigene Autos unter seinem Namen bauen – Enzo Ferrari war schließlich auch Rennfahrer gewesen, bevor er eine eigene Marke gründete! 1966 wurde schließlich der Mangusta vorgestellt, den ein junges Talent bei Bertone entworfen hatte: Giogetto Giugiaro. De Tomaso zeigte großes diplomatisches Geschick, als er sich mit Ford darauf einigte, Motoren geliefert zu bekommen, während der US-Konzern den Import der Sportwagen in die USA übernehmen würde. De Tomaso erwarb zudem das bekannte Desingbüro Ghia. Neben dem Bau seiner exklusiven Wagen engagierte er sich weiter im Rennsport und wurde sogar Namensgeber beim Williams-Team in der Formel 1. Dies blieb eine kurze und unglückliche Episode, denn am 21. Juli 1970 verunglückte Piers Courage im niederländischen Zandvoort tödlich, und am Jahresende wurde der Rennstall aufgelöst.

Verpasste Gelegenheit

Die Vierzylindermotoren von Benelli und Moto Guzzi hatten auf Dauer nicht den gewünschten Erfolg, da es ihnen sowohl an Eigenständigkeit wie auch an Zuverlässigkeit mangelte. Die Sechszylinder-Benellis mit zunächst 750, später 900 cm³ hätten eine Chance gehabt, zu echten Flaggschiffen werden zu können, doch die gleichen Mängel wie bei den kleineren Modellen (Ventilsteuerung und Getriebe) sorgten dafür, dass die anfangs als »Rolls Royce des Motorradbaus« gepriesenen Maschinen zu einer der größten Pleiten der De Tomaso-Ära wurden.

1973 übernahm De Tomaso die Firma Moto Guzzi und hatte nun zwei der größten Markennamen Italiens in seinen Händen. Er wusste aber auch, dass er rationalisieren musste, um Geld verdienen zu können.

De Tomasos Vorgehensweise war brutal: Zunächst setzte er bei Benelli durch, dass die Fertigung alter Modelle eingestellt und innerhalb kürzester Zeit neue Fahrzeuge entwickelt wurden. Zwar entstaubte er das Image des Werkes in Pesaro durch die Einführung zahlreicher Neuerungen, doch seine Maßnahmen verwirrten die Öffentlichkeit. Bereits im Jahr nach der Übernahme war Benelli nicht mehr wiederzuerkennen. Neben neuen Mopeds und Kleinmotorrädern waren Zweitakt-Twins mit 125 und 250 cm³ Hubraum entstanden, und alle größeren Motorräder sollten in Zukunft mit Vierzylindermotoren ausgerüstet werden.

De Tomaso hatte zwei glückliche Entscheidungen gefällt: Zum einen hatte er auf den sich weiter vergrößernden Markt für 50er gesetzt, und zum anderen forderte er, dass ein italienisches Motorrad einem japanischen technisch ebenbürtig sein müsste, darüber hinaus aber besser aussehen und Ausstrahlung haben sollte. Die traurige Wahrheit lautete jedoch, dass De Tomaso nicht das Kapital hatte, diesen Kampf zu gewinnen.

Zwanzig Jahre zuvor hatten die japanischen Hersteller auf ähnliche Weise begonnen: Sie kopierten die Produkte aus Europa und verbesserten sie kontinuierlich. Auch De Tomaso setzte auf Kopien, doch die Verbesserungen blieben aus. So wurde eine Honda CB 500 Four gekauft und Benellis Cheftechniker Piero Prampolini musste den Motor kopieren, obwohl er lieber eine Serienversion seines Vierzylinder-Rennmotors gebaut hätte. Um Plagiatsvorwürfe zu vermeiden, wurde zunächst allerdings die 750er-Sechszylinder vorgestellt, die im Prinzip eine 500er-Vierzylinder mit zwei zusätzlichen Zylindern war. Unmittelbar darauf folgten die offensichtlichen Honda-Kopien mit 350er- und 500er-Vierzylindermotoren, die Mitte der 1970er-Jahre immerhin die Bestseller des Benelli/Guzzi-Konzerns werden sollten. De Tomaso hatte beide Firmen miteinander verflochten, um Synergieeffekte zu erzielen, behauptete jedoch weiterhin: »Benelli und Moto Guzzi sollen zum Nutzen des italienischen Motorradkäufers im Wettbewerb zueinander stehen. Der Wettbewerb soll bei Modellen, Preisen und Leistung bestehen.«

Die Wahrheit sah anders aus: Modelle bis 500 cm³ hatten bei beiden Marken die gleichen Motoren, der Unterschied lag lediglich in der Tankbeschriftung. Beide Marken verloren so ihre Identität, und in den Augen der Kunden waren sie austauschbar – bei den generell sehr markentreuen Italienern ein riesiger Imageverlust.

Bei Moto Guzzi oblag es den großen V7-Modellen, Eigenständigkeit zu zeigen, und ihr Erfolg war wohl auch dafür ausschlaggebend, dass Mitte der 1970er-Jahre die veralteten Vierzylindermodelle durch die neu entwickelten kleinen V2-Maschinen ersetzt wurden, die ab 1977 als V35 und V50 riesige Verkaufszahlen erzielten. Genauso wichtig waren ab 1978 die großen Sport- und Reisemodelle mit 850 und 1000 (eigentlich 950) cm³, die generell mit dem Integralbremssystem ausgerüstet waren. Die 850er-Le Mans gilt bis heute als eines der bekanntesten Sportmotorräder Italiens.

War die Entscheidung für die Vierzylindermodelle seinerzeit auch richtig gewesen, so muss man De Tomaso andererseits ankreiden, die Motoren nicht weiterentwickelt zu haben. Immerhin hatte er das Image von Guzzi verjüngt und wusste um die Bedeutung eines ansprechenden Designs – beides sollte langfristig von Nutzen sein. Mit dem Erwerb von Innocenti und Maserati wurde die Produktion zunehmend zentralisiert. Die großen Moto-

Messestand

Die Mailänder Motorradmesse ist alljährlich der wichtigste Anlaufpunkt aller italienischen Motorradliebhaber. Hier ist der mit dem stolzen Adler aus Mandello verzierte Moto Guzzi-Stand des Jahres 1979 zu sehen.

ren wurden in Mandello hergestellt, die kleineren im Mailänder Stadtteil Lambrate, das Zentrallager und das Planungsbüro kamen nach Modena, in Pesaro fand nur noch die Endmontage von Motorrädern statt.

De Tomaso verfügte auch über gute Kontakte in die Politik, die der Motorradindustrie mit zwei Maßnahmen unter die Arme griff: Führerschein-Neulinge durften ab dem 21. Lebensjahr Motorräder mit mehr als 350 cm³ Hubraum fahren; und japanische Maschinen bis 380 cm³ durften nur noch entsprechend festgelegter Quoten eingeführt werden.

Und in diesem geschützten Markt fällte De Tomaso eine Reihe tragischer Entscheidungen. So musste 1977 unbedingt eine 250er-Vierzylindermaschine entstehen, die zu klein, zu teuer und zu ungewöhnlich war: Tank und Rahmendreieck waren mit großen Kunststoffabdeckungen verkleidet, während die Anzeigeinstrumente oben in den Tank eingelassen waren; die Benelli 254 wurde zu einem totalen Fiasko. Nicht besser erging es den beiden neuen 125ern – einem Geländemodell und einem Chopper mit wassergekühltem Zweitaktmotor.

Aber nicht nur falsche Modelle und die japanische Konkurrenz machten Sorgen, das Unglück kam auch aus den eigenen Autofabriken: Bei Innocenti gab es kein Nachfolgemodell zum Mini, der konstant Marktanteile verlor, und bei Maserati hatte man riesige Probleme mit dem Biturbo. Als die Fertigung endlich anlief, hatten sich so viele Bestellungen angesammelt, dass man die Fließbänder im Höchsttempo laufen ließ – was eine entsprechende Fertigungsqualität als Folge hatte. Besonders die in die USA gelieferten Biturbos gerieten oft in Brand, da ihr Katalysator schlecht isoliert war. Die Verkäufe brachen ein, und das Abenteuer Maserati Biturbo verschlang Unmengen an Kraft und Geld. Innocenti musste 1985 zunächst mit Maserati fusionieren.

Auch Benelli und Moto Guzzi schrieben inzwischen rote Zahlen. 1989 wurde Benelli verkauft, im folgenden Jahr wurden Maserati und Innocenti an Fiat verkauft. Jetzt war De Tomaso nur noch Moto Guzzi verblieben. Der verzweifelte Versuch, Geld zu beschaffen, brachte ihn in Kontakt mit amerikanischen Geschäftsbanken und einem Juwelier namens Bulgari. Einer Umwandlung der Firmenstruktur und einer Kapitalerhöhung zum Trotz ging der Absatz an Motorrädern immer weiter zurück, und De Tomaso gab schließlich auf. Im Jahre 2000 ging Moto Guzzi in den Besitz des Aprilia-Eigentümers Ivano Beggio über.

Große Überraschung: die Vierzylinder-Guzzi

Schön, aber zickig

Bei ihrer Vorstellung 1973 zeigte sich die Vierzylinder-Guzzi modern und attraktiv. Ihr Motor war offensichtlich von Hondas 500er-Triebwerk inspiriert. Die Guzzi gab es als 350er und 400er (mit mehr Hub), wogegen von der Benelli auch 500er und 600er produziert wurden. Dass die Ingenieure nur ein Jahr Zeit hatten, den Motor zu entwickeln (besser: zu kopieren!), merkten die Kunden später an der mangelnden Zuverlässigkeit. Die Aggregate mit 350 bis 600 cm³ unterschieden sich lediglich in den Zylinderbohrungen und den Hüben der Kurbelwellen voneinander – ein perfektes Baukastensystem.

Die Motorradmesse 1973 in Mailand fand bei regnerischem und kaltem Wetter statt, doch in den Hallen sorgten die Erwartungen an die Modelle für 1974 für höhere Temperaturen. Im Mittelpunkt des Interesses stand Moto Guzzi, da das Werk seit einem Jahr Alejandro De Tomaso gehörte. Und was hier zu sehen war, stand genau für den neuen Weg des Argentiniers – sowohl bei Guzzi, wie auch bei Benelli, das ihm bereits seit 1971 gehörte. Der neue Besitzer hatte große Pläne: Er wollte zunächst die Japaner abwehren, um dann einen großen europäischen Motorradkonzern zu schaffen, der von 50 bis 850 cm³ ein vollständiges Programm anbieten sollte. Die Lage des italienischen Motorradmarktes war zu dieser Zeit alles andere als rosig, und weder bei De Tomaso noch bei anderen mangelte es an Ideen, wie neue Maschinen auszusehen hatten. Was fehlte, war eine leistungsfähige Zulieferindustrie und ein solides Händlernetz im Ausland. Zudem war keine Fabrik auf die von De Tomaso geforderten Qualitäts-Steigerungen vorbereitet, auch wenn seine Visionen hauptsächlich den italienischen Markt betrafen. De Tomaso formulierte seine Ziele folgendermaßen: »Wir müssen die Japaner mit ihren eigenen Waffen schlagen, wir wollen unsere Produkte verbessern, wir haben Willen und Fantasie, und nicht zuletzt ist unser Markt abgeschottet, sodass wir die Japaner erst gar nicht ins Land lassen!«

Die Neuigkeiten bei Guzzi waren wirklich außergewöhnlich. Es hatte sich eine unglaubliche Dynamik entwickelt, und der neue Vierzylindermotor schien die Zukunft zu bringen. Die neue Maschine hatte zwar zunächst noch eine Trommelbremse im Vorderrad, doch alles andere schien auf der Höhe der Zeit zu sein und sah gut aus. Bei genauer Betrachtung des Motors schieden sich jedoch die Geister!

Die einen – markentreu und kompromisslose Patrioten – stellten fest, dass die Maschine schön geworden sei, ihr Fahrwerk hervorragend und der Motor zwar den japanischen Triebwerken ähnele, ein Vierzylindermotor aber nun einmal so aussehen würde. Andere mahnten: Wie kann ein solch bedeutendes Werk einfach die Konkurrenz kopieren? Zunächst waren dies einfach unterschiedliche Standpunkte, doch nach den ersten Tests verbreitete sich Katerstimmung.

Zu schnell musste an den Nachbauten gearbeitet werden, sodass die Qualität nicht Schritt halten konnte. Zunächst verkauften sich die 350er sowie die nur als Benelli lieferbaren 500er und 650er recht gut, doch die Kunden mussten sich mit zahlreichen Mängeln herumplagen. Schlechte Schalter und Kabel, Ölverluste und verschleißfreudige Getriebe sowie miserable Chromqualität, besonders am Auspuff, sorgten für Ärger und Ausfälle. Von

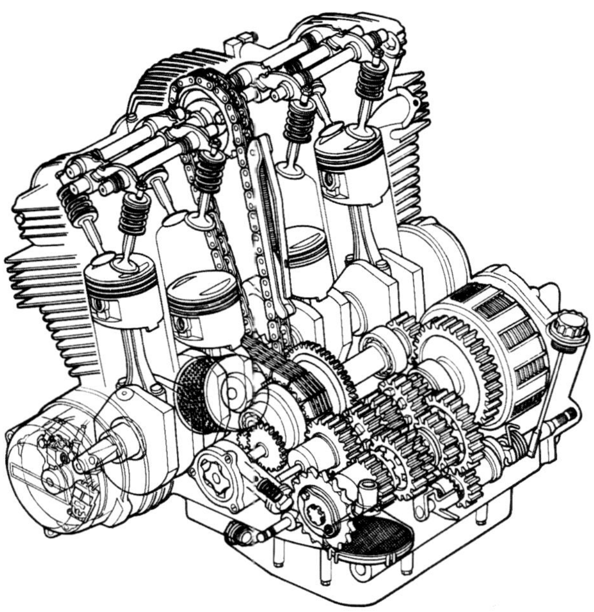

den Honda-Vorbildern waren solche Schäden nicht bekannt. Ein verbreitetes Gerücht besagte, dass man ein defektes Getriebe einfach gegen das aus einer Honda tauschen solle, doch ganz so einfach war die Sache nicht, denn trotz aller Ähnlichkeit passten so gut wie keine Honda-Teile in die italienischen Plagiate. Auf jeden Fall ließ das Kaufinteresse bald nach. Für diejenigen Kunden, die von ihrer Moto Guzzi die bis dahin sprichwörtliche Zuverlässigkeit erwartet hatten, sollte sich das Weltbild dauerhaft verändern.

Besser lief es mit einer anderen Maschine, die nun nicht mehr mit der Guzzi-Tradition in Verbindung zu bringen war – dem Zweitakt-Twin 250 TS. Es handelte sich um eine hundertprozentige Benelli, die lediglich mit einem größeren Tank ausgerüstet worden war. Das einigermaßen schnelle, zuverlässige und leichte Motorrad hatte ein gutes Fahrwerk, einzig der hohe Verbrauch wurde kritisiert. Außer der eigenen Schwester hatte das Motorrad keine Konkurrenz zu befürchten.

Die Marken-Enthusiasten waren äußerst unglücklich darüber, dass außer den großen V2-Maschinen nun alles gleich war. Ein Händler meinte dazu: »Das ist so, als müssten Inter Mailand und Milan ein Team bilden«.

Wie die Japaner

Zusammen mit den Viertakt-Vierzylindern wurden 250er-Zweitakt-Twins vorgestellt, die zuerst als Benelli (auch MotoBi) und später ebenfalls als Guzzi angeboten wurden. Vorbilder waren die de facto vom italienischen Markt ausgesperrten Maschinen von Yamaha und Suzuki. Im direkten Vergleich konnten die Italiener zwar mit kontaktloser Zündung und Nikasil-Zylindern punkten, sahen mit der 6 Volt-Elektrik, der Mischungsschmierung und 5 bis 7 PS weniger Motorleistung jedoch schon etwas alt aus.

Vier Zylinder

Der 350er-Vierzylinder (Bohrung x Hub: 50 x 44 mm) mobilisierte bei 9000 U/min 31 PS – drei weniger als das Vorbild von Honda. Parallel entstand durch 6,6 mm mehr Hub ein 400er-Triebwerk. Die Motorräder wogen leer etwa 200 kg. Die Maschinen wurden zu verhältnismäßig hohen Preisen angeboten, zudem litt aufgrund zahlreicher Motorschäden bald ihr Ruf.

Der V2-Motor schrumpft

Ein modernes Konzept

Die Explosionszeichnung des kleinen V2-Triebwerks zeigt, dass als Gemeinsamkeiten lediglich die zentrale Nockenwelle, der Zylinderwinkel von 90° und die Trockenkupplung blieben. Ansonsten war die Konstruktion von vornherein auf große Stückzahlen und einen hohen Anteil automatischer Fertigung ausgelegt. Technische Besonderheiten sind die Heron-Brennräume im Kolbenboden, die parallel stehenden Ventile, die elektronische Zündung und die im Getriebegehäuse gelagerte Hinterradschwinge.

Durch seine Eigenständigkeit und hohe Qualität war der V-Twin bereits nach kurzer Zeit zum Symbol für Moto Guzzi geworden, wie es zuvor der liegende Einzylinder gewesen war. Eigenständige Modelle auch in den kleineren Klassen hätten daher gut zu Moto Guzzis neuem Image gepasst, und so machte sich Lino Tonti nach dem Misserfolg mit der Nuovo Falcone erneut an die Arbeit, um ein kleines V2-Triebwerk zu entwickeln. Der V7-Motor war einfach zu groß, um daraus eine 500er zu machen, also musste unter Beibehaltung des Zylinderwinkels eine Neukonstruktion her. Ende 1972 standen die ersten Prototypen mit 350 und 500 cm³ Hubraum bereit, die Optik der Fahrzeuge war eng an die V7 Sport angelehnt. Bereits 1973 hätte die Serienfertigung beginnen können, doch genau zu dieser Zeit wurde Moto Guzzi von der SEIMM an De Tomaso verkauft. Der Argentinier stoppte die Entwicklung der kleinen Guzzi und verordnete Vierzylinder-Reihenmotoren, um die »Japaner mit ihren eigenen Waffen zu schlagen«. Zwar muss man De Tomaso im Nachhinein eine große Entscheidungsfreudigkeit und schnelles Handeln attestieren, doch war von vornherein klar, dass dieser Kampf (trotz großer Anfangserfolge) langfristig aussichtslos war. Als die Nachfrage nach den Vierzylindermaschinen bald geringer wurde, ließ De Tomaso diese ausschließlich bei Benelli fertigen, wo man sie bis 1985

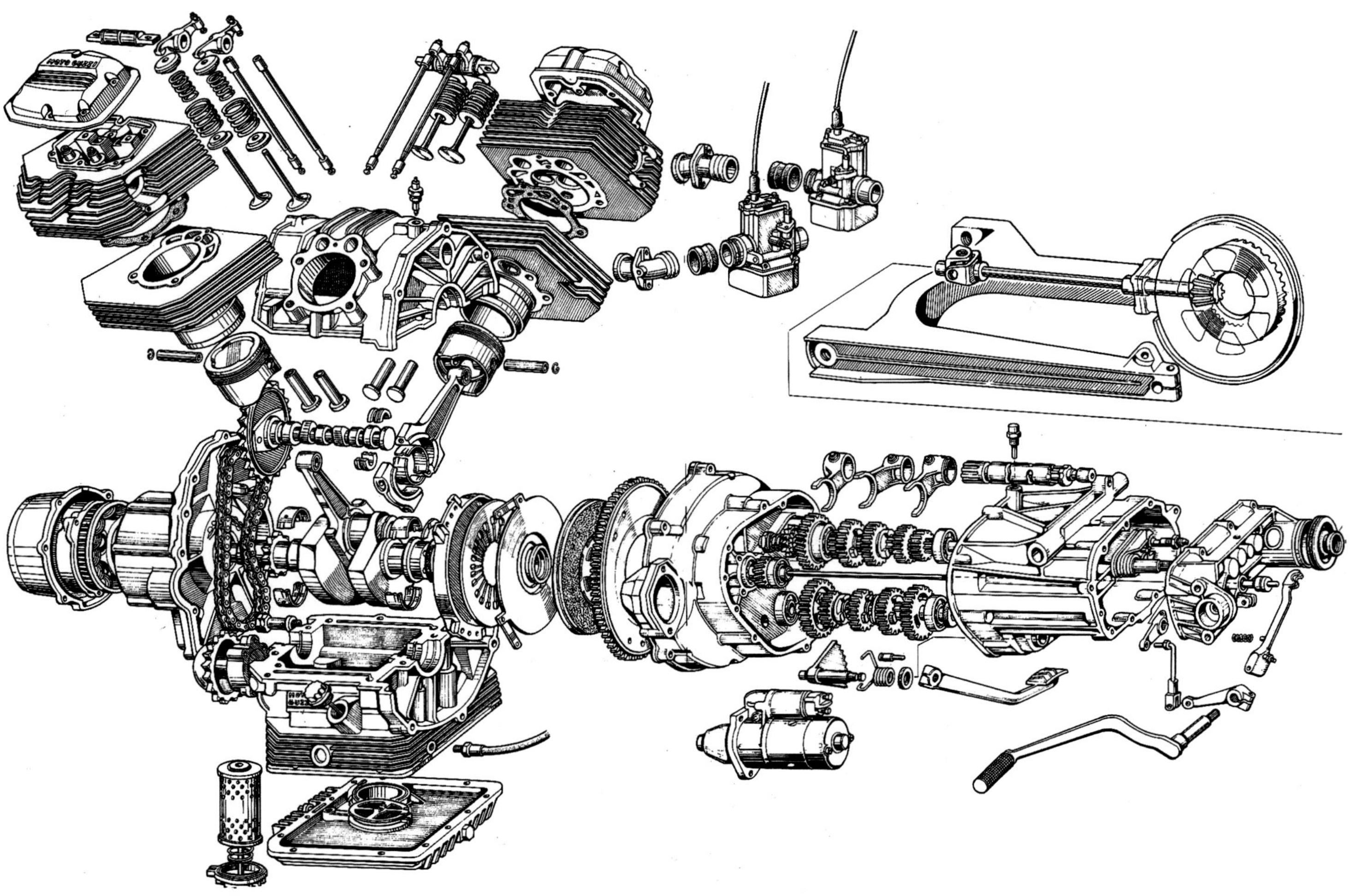

anbot. Bei Moto Guzzi wurde nun doch Lino Tonti der Auftrag erteilt, die kleinen V2-Motoren serienreif zu machen.
1977 ging zunächst die sehr modern wirkende V50 in Serie, aus ihr wurde bald darauf die mit 18 Jahren fahrbare V35 abgeleitet. Beide Modelle sahen sportlich und aufgeräumt aus und wogen mit 150 kg erstaunlich wenig (eine V7 Sport brachte es auf 220 kg!). Die flachen Zylinderköpfe mit den parallel hängenden Ventilen sowie das aus zwei Hälften verschraubte Motorgehäuse stellten eine große Produktionsvereinfachung dar, und auch das Fahrwerkkonzept war völlig neu: Die als tragendes Teil wirkende Motor/Getriebe-Einheit nahm die Hinterradschwinge auf. Zum Ausbau des Triebwerks wurde der Hauptrahmen samt Gabel abgehoben – Motor, Getriebe und Hinterrad blieben stehen. 45 PS bei 7000 U/min reichten für 170 km/h. Ein Fünfganggetriebe, der Kardanantrieb, das Integralbremssystem und eine hydraulische Telegabel mit separaten Dämpfern komplettierten die Ausstattung. Der Verkauf lief gut an, besonders die V35 erwies sich im abgeschotteten Marktsegment für 18-Jährige als überaus erfolgreich. Bis 1979 waren bereits 15 000 V35- und V50-Modelle entstanden. Dann kam die weiterentwickelte V50 II und bereits 1981 die V50 III mit überarbeitetem Design und verbesserter Technik. Zahlreiche Modellvarianten – darunter Sportler, Tourer, Enduros und Chopper – entstanden auf dieser Basis, und noch heute zeigen die V7 Classic und die Nevada die Fortschrittlichkeit des inzwischen über 30 Jahre alten Konzeptes von Lino Tonti.

Ein großer Erfolg

Die beiden Zwillingsschwestern V50 und V35 kamen beim Publikum gut an und erreichten hohe Produktionszahlen. Die Maschinen waren robust, bequem und eigenständig. Dank einer vereinfachten Produktion fuhren beide Modelle gute Gewinne für Guzzi ein.

Die kleine Sportlerin

Die optisch an die Le Mans angelehnte Imola wurde 1979 vorgestellt und begeisterte sofort die Jugendlichen. Zwar war eine Morini 3 ½ etwas schneller, doch die sportlich-kleine Moto Guzzi beeindruckte mit guter Fahrbarkeit, Integralbremse und günstigem Preis.

Die kleinen Sportmodelle: Imola und Monza

Ende der 1970er-Jahre fehlte im Guzzi-Programm ein sportliches Modell für 18-Jährige, die nur 350er fahren durften. Die Morini 3 ½ Sport, die Ducati 350 Desmo und auch das kleine Honda Vierzylindermodell waren am Markt etabliert, und was lag für Moto Guzzi näher, als einen sportlichen Ableger der beliebten V35 zu entwickeln? Auf dem Mailänder Salon 1979 konnte Lino Tonti dem Publikum das Ergebnis präsentieren. Die flache und geduckte Maschine hatte den Namen Imola erhalten – nach der Rennstrecke in der Nähe Bolognas, auf der Moto Guzzi bereits zahllose Rennen gewinnen konnte. Das Design mit der Cockpitverkleidung, den Stummellenkern, dem hochgezogenen Auspuff und dem Bürzel erinnerte stark an die Le Mans und machte die Maschine bereits im Stand schnell. Auch dem Triebwerk hatte man eine Leistungskur verpasst: Mit höherer Verdichtung sowie größeren Ventilen und Vergasern wurde die Leistung auf 36 PS bei 8000 U/min gesteigert, sodass eine Höchstgeschwindigkeit von 160 km/h erreichbar war. Die Zylinderbohrungen waren mit einer Nickel-Siliziumkarbid-Schicht versehen.

Ein Jahr später stand auf der Motorshow in Bologna die große Schwester V50 Monza, die allerdings mit dem serienmäßigen V50-Motor ausgerüstet war. Beide Modelle wurden bei Innocenti in Mailand (ebenfalls zu De Tomaso gehörend) gebaut, trugen aber immer den Guzzi-Adler am Tank.

Auch die anderen machten Fehler

1974 liefen bei Ducati die legendären Einzylindermodelle mit 250er-, 350er- und 400er-Königswellenmotor aus, weil sie einfach veraltet waren. Als Nachfolger waren OHC-Reihenzweizylinder mit 350 und 500 cm³ Hubraum geplant. Allerdings sahen die von Chefkonstrukteur Taglioni entworfenen Motoren nicht nur sehr gewöhnungsbedürftig aus, sondern sie waren auch sehr schwer geraten, vibrierten stark und erzeugten zudem nur mäßige Leistung. Erst als Taglioni 1978 das per Zahnriemen gesteuerte V2-Triebwerk für die Pantah entwarf (das die Grundlage der noch heute gebauten Zweiventiler bildet), konnte die Firma gerettet werden.

Für harte Männer

Ducatis Pantah mit 500 und 600 cm³ Hubraum war ein echtes Straßensportmotorrad ohne jeglichen Komfort. Dafür bot es mit 50 PS und 200 km/h Höchstgeschwindigkeit sowie einem hervorragenden Fahrwerk genau das, was Sportfahrer verlangten. Nach den Misserfolgen mit 350er- und 500er-Reihenzweizylindern sollte die Pantah Ducati in eine erfolgreiche Zukunft führen.

Die Imola war aufgrund der Verfügbarkeit für 18-Jährige sowie eines vergünstigten Steuersatzes beliebter als die Monza – bis 1983 wurden 8000 Exemplare gebaut. Dann wurde in Mailand die Imola II vorgestellt. Mit 16-Zoll-Rädern, einer flüssigen Linie von Tank, Sitzbank und Seitendeckeln, der kleinen Bugverkleidung vor der Ölwanne und den schwarzen Auspufftüten war sie radikal neu gestaltet worden. Auch der Motor war massiv überarbeitet: Vier Ventile hingen im Winkel zueinander, die Zündkerze saß zentral und der Kolben wies einen dachförmigen Dom auf. 40 PS bei 8800 U/min und 170 km/h waren für eine 350er respektable Angaben. Die große »kleine« Sport-Guzzi erhielt ebenfalls Vierventil-Köpfe, wurde allerdings auch auf 650 cm³ vergrößert und in Lario umgetauft – mehr dazu im folgenden Kapitel. Die Imola II wurde bis 1989 gebaut, erwies sich allerdings manchmal als überzüchtet. Viele gaben die Schuld an den gelegentlichen Motorschäden der Fertigung bei Innocenti, denn oft rissen Ventile ab. Zu dünne Schäfte? Schlechte Ventiltrieb-Kinematik? Oder zu hohe Drehzahlen? Eine exakte Antwort gab es nicht, doch das Ende des kleinen Vierventilers war besiegelt. Viele Besitzer zerstörter Vierventilmotoren bauten einen gebrauchten 500er-Zweiventiler ein und waren damit schneller unterwegs als je zuvor. Obwohl die Geschichte der kleinen Sport-Guzzi im Desaster endete, sind originale Imola II-Modelle bei Sammlern sehr begehrt.

Die kleine Le Mans

Die V35 Imola II und die V65 Lario unterschieden sich lediglich im Motor. Ab 1983 verfügten beide Maschinen über jenes Erscheinungsbild, das später auch die Le Mans 1000 erhalten sollte. Wichtigste Neuerungen waren die Vierventilmotoren mit Stößelstangen und Gabel-Kipphebeln sowie die 16-Zoll-Räder. Große Verkaufserfolge wurden beide Maschinen trotz der sportlichen Optik nicht.

Logische Weiterentwicklung

Die V65 und die V65 SP (oben) wurden von 1981 bis 1987 gebaut. Der V50-Rahmen wurde mit einem geänderten Steuerkopfwinkel versehen und das Hinterrad in einer längeren Schwinge geführt. Aus 80 mm Bohrung und 64 mm Hub waren 634,4 cm³ Hubraum entstanden, die mit 30er-Vergasern beatmet wurden. Das Fünfganggetriebe, die 18-Zoll-Räder und die mit drei Bremsen arbeitende Integralbremse blieben erhalten. Das Gewicht lag bei 165 kg, die Höchstgeschwindigkeit betrug 170 km/h.

V65 und Lario: der kleine V2 wächst

Lino Tonti hatte seine kleinen V-Motoren bereits mit Weitsicht auf die Möglichkeit der Hubraumvergrößerung über 500 cm³ hinaus entwickelt, und 1981 debütierte in Mailand die V65. Der Markt verlangte nach leistungsstarken aber preiswerten Mittelklassemodellen, um die Kluft zu den »Superbikes« zu verringern. Wie üblich hatten die Japaner dies längst erkannt und entsprechende Modelle im Programm. Bei Guzzi war es an der Zeit, denjenigen ein entsprechendes Motorrad anzubieten, die einfach kein japanisches Fahrzeug haben wollten. In Italien war es darüber hinaus naheliegend, den Hubraum großzügig aufzustocken, da ab 380 cm³ aufwärts sowieso eine kräftige Steuererhöhung (von 20 auf 38 Prozent) anfiel. In der Herstellung machte die Vergrößerung auf 650 cm³ keinen Unterschied aus, in der Motorleistung hatte man dafür fast das Doppelte einer 350er. Eine 650er schien zudem ein guter Kompromiss zwischen einem leichten Stadtfahrzeug und einer ausreichend motorisierten Reisemaschine zu sein. Unter einem guten Fahrer sollte die Maschine von keiner 1000er abgehängt werden, die Kosten für Anschaffung und Unterhalt allerdings deutlich geringer bleiben. Also verstärkte man die Kurbelwelle, die Pleuel und die Kraftübertragung des 500er-Motors und brachte ihn auf 634,4 cm³ – 52 PS bei 7050 U/min waren das Ergebnis.

Hochwertiges Fahrwerk

Die V65 Lario war wie alle Vorgänger mit einem zerlegbaren Rahmen und mittragendem Motor ausgerüstet. Der Lenkkopf war um 3,5 cm verlängert und mit Kegelrollenlagern bestückt worden, die 38 mm-Gabel stammte von der Le Mans. Die Stoßdämpfer hinten waren in der Federvorspannung fünffach einstellbar. All diese Verbesserungen wurden allerdings durch die modischen 16-Zoll-Räder zunichte gemacht.

Zuerst erschien die V65 – heute würde man »Naked Bike« dazu sagen –, dann kam die Reisemaschine V65 SP mit einer Vollverkleidung, die guten Wind- und Wetterschutz bot. Gegenüber der V50 waren zahlreiche Details geändert worden, darunter eine andere Fahrwerksgeometrie, neue Federelemente und ein neuer Tank. Beide Maschinen blieben bis 1987 im Programm – und wurden trotz gelegentlicher Probleme mit der Kraftübertragung gut verkauft. Ganz anders sah es bei der 1983 vorgestellten Lario mit Vierventilmotor aus, die bis Ende 1989 lediglich 4000-mal nachgefragt wurde. Zwar war der Mittelklasse-Sportler optisch gelungen, doch der Motor war mit 60 PS weder überragend stark noch sehr zuverlässig; das Fahrverhalten war aufgrund der »modernen« 16-Zöller sehr kippelig – insgesamt nicht gerade das, was die Fans von einer Guzzi erwarteten.

Chopper-Stil

Der typische Italo-Chopper war bei Moto Guzzi in Form der V35 und V65 Florida erhältlich, die Nachfolgerinnen der C-Reihe waren. Eine Windschutzscheibe, Sturzbügel, eine Stufensitzbank und Koffer gaben den Maschinen ein typisches Erscheinungsbild. Die lange Gabel, der dicke Hinterreifen und der Tropfentank waren stilbestimmend.

Chopper auf italienische Art

Im weltweit erfolgreichen Film Easy Rider durchquerten Dennis Hopper und Peter Fonda auf der Suche nach dem amerikanischen Traum die USA. Dabei saßen beide auf zwei Choppern (to chop = abschneiden, weglassen), die zu den eigentlichen Stars dieses Films werden sollten. Kennzeichen der Maschinen waren eine lange Gabel, ein extrem hoher Lenker, ein sehr kleiner Tank und ein abgestufter Sitz samt Rückenlehne (Sissybar). Durch diesen Film wurden die in den USA längst weitverbreiteten Umbauten auf Harley-Basis auch in Europa bekannt. Plötzlich weckten Harley-Davidsons mit ihren archaischen Motoren auch bei jungen Europäern Interesse. Als erstes reagierten die japanischen Hersteller und präsentierten auf normalen Tourenmaschinen basierende »Softchopper«, denen eine längere Gabel, ein hoher Lenker und eine Stufensitzbank implantiert wurde. Bald zogen auch die italienischen Hersteller nach: Moto Guzzi mit der Florida 650 und der Nevada 750, Ducati mit der Indiana 650 und Moto Morini mit den 500ern New York und Excalibur. Den Käufern solcher Maschinen ging es weniger um Motor- und Fahrleistung als um die Show. Wichtig waren ein möglichst großer (V2-)Motor, viel Chrom und individuelle Details. Zu dieser Zeit setzte weltweit eine Diversifikation ein. Statt einfach nur ein Motorrad zu bauen, mussten jetzt Spezialfahrzeuge für bestimmte Einsatzgebiete hergestellt werden: Reisemaschinen, Enduros, Sportler und Supersportler – und eben Chopper. Was früher ein ganz normales Motorrad war, hieß nun »Naked Bike«.

Der italienische Zweiradmarkt wies einige Besonderheiten auf: Die zehn meistverkauften Fahrzeuge waren Roller. Beliebt waren auch reine Geländemaschinen, doch immer mehr Fahrverbote ließen den Markt zusammenbrechen. Also entstanden die Enduros (die früher Scrambler hießen) – Straßenmotorräder im Gelände-Look, deren Vorbilder bei der Rallye Paris-Dakar mitfuhren. Auch die Nische der Chopper wurde größer, sodass bei Guzzi entschieden wur-

de, die V35 und die V65 in »gechoppten« Versionen herauszubringen. Die so entstandene C-Reihe war einfach mit einem dicken Hinterreifen, einer Stufensitzbank, einem kleinen rundlichen Tank und einem hohen Lenker ausgerüstet. Man befand sich in bester Gesellschaft, denn die anderen Hersteller gaben sich auch nicht mehr Mühe.

Neben Tourern und Sportlern war bei Guzzi nun eine dritte Modellreihe entstanden, die sehr erfolgreich werden sollte – bis 1986 wurden von der V35 C mehr als 20 000 Stück produziert. Eine starke japanische Konkurrenz und der hohe Preis verhinderten noch bessere Ergebnisse. Ende 1985 wurden die beiden Florida-Modelle mit 350 und 650 cm^3 eingeführt, die dem sich wandelnden Geschmack Rechnung trugen, wonach aus dem rebellischen Chopper nun ein eher bequemer »Cruiser« werden musste. 1989 folgte die auf 750 cm^3 vergrößerte Nevada, die wie die große California zu einem Synonym ihrer Klasse werden und zwanzig Jahre später immer noch im Programm bleiben sollte – simpel und preiswert, aber mit einer ganz eigenen Ausstrahlung.

Eine lange Geschichte

Den Anfang machten die V35 C und die V50 C (Bild links), dann folgten die beiden Floridas (gegenüber) und schließlich die Nevada, deren große Variante nun mit 750 cm^3 Hubraum die bisher letzte Ausbaustufe von Tontis »kleinem« Motor darstellte und damit größer war als das erste V7-»Big-Block«-Triebwerk. Die 350er-Nevada litt unter dem hohen Gewicht und den geänderten Kundenwünschen. Gut erkennbar ist die Entwicklung vom simpel umgestrickten C-Modell über den Soft-Tourer Florida hin zur eleganten Nevada.

Die Japaner kommen – zum Glück!

Alle drei großen britischen Marken – BSA, Norton und Triumph – waren Ende der 1960er-Jahre sehr verwundbar, denn ihre Modelle waren alle extrem veraltet, sie waren leistungsstark, aber anfällig. Längere Vollgasfahrten hielten sie oftmals nicht durch – ihre Fahrer aufgrund der Vibrationen auch nicht. Zubehör- und Elektrik-Bauteile waren von minderer Qualität, und elektrische Anlasser suchte man überall vergeblich. Nur wenige neue Projekte wurden verwirklicht – und die meisten davon liefen auf katastrophale Weise an den Kundenwünschen vorbei. Dennoch hielten sich die Verantwortlichen für unfehlbar. In Italien sah es so ähnlich aus, nur die Hubräume waren kleiner. Manche Modelle gab es schon seit 20 Jahren, die Fahrzeuge waren unbequem und eine Modellpflege fand nicht statt. Auch hier gab es – besonders bei den elektrischen Komponenten – unglaublich schlechte Zubehörteile. Nachdem die japanischen Hersteller zunächst Kopien europäischer Modelle gebaut hatten, war es ihnen anschließend gelungen, das Motorrad quasi neu zu erfinden. Es war kein billiges Transportmittel mehr, sondern zu einem begehrenswerten Freizeitprodukt geworden, das dem Auto technisch weit überlegen war und außergewöhnliche Fahreigenschaften bot. Auch wenn sich viele Länder mit Importbeschränkungen zu wehren versuchten, rollten die Japaner den Markt auf. In England brach die gesamte Industrie zusammen, und auch Italien erging es nicht viel besser – lediglich mit der Fertigung von Mopeds und Kleinmotorrädern konnten sich die Hersteller mühsam über Wasser halten. Beim letzten deutschen Hersteller für große Motorräder, BMW, wurde die Zweiradsparte von der Auto-Abteilung subventioniert (Ende

Das Ende einer Epoche

Als Antwort auf die 750er-Vierzylinder-Honda entwickelte BSA/Triumph einen neuen 750er-Dreizylindermotor für die Modelle Rocket und Trident. Mit 60 PS war er stark genug, aber hinsichtlich Öldichtigkeit und Zuverlässigkeit zeigte er sattsam bekannte Schwächen. Einen elektrischen Anlasser gab es nicht. Statt das Tor in eine große Zukunft aufzustoßen, leiteten diese Modelle – trotz spektakulärer Erfolge in Serienmaschinenrennen – den endgültigen Zusammenbruch der britischen Motorradindustrie ein.

der 1950er-Jahre war es andersherum gewesen), und erst 1969 gelang es den Münchnern, sich mit der neuen Strich-Fünf-Reihe von der japanischen Konkurrenz zu lösen.

Das Motorrad, mit dem alles begann, war zweifellos die Honda CB 750. Niemand konnte seine Augen vor dem Fortschritt verschließen, den sie darstellte: der Vierzylindermotor, das Fünfganggetriebe, die Scheibenbremse im Vorderrad, die Instrumente samt Drehzahlmesser, die leistungsstarke 12 Volt-Elektrik samt Anlasser, die hervorragende Lackierung mit viel Chrom und schließlich die 67 PS, die das Fahrzeug auf über 200 km/h katapultierten. Bald zog Kawasaki mit der 60 PS starken Mach II nach, deren 500er-Zwei-

Motorräder und Frauen

Nicht nur die japanischen Motorräder stellten alles in den Schatten, sondern auch die dazugehörigen Werbeanzeigen gingen völlig neue Wege, indem sie nicht die technische Überlegenheit herausstellten, sondern emotionale Themen ansprachen – also Potenz und Sex. Die Europäer waren anfangs völlig hilflos und brachten nur biedere Konzepte zustande – beispielsweise die auf den Geschwindigkeitsrekord von 1969 hinweisende Anzeige für die V7.

Zweitakter und Viertakter

Oben die erste Version der Kawasaki 500 H1 Mach III mit Trommelbremse im Vorderrad. Das Nachfolgemodell hatte nicht nur eine Scheibenbremse, sondern auch ein etwas besser an die Motorleistung angepasstes Fahrwerk. Zwar gab es die Mach III nie mit Elektrostarter (zu viel Gewicht!), doch von Beginn an wurden kontaktlose CDI-Zündanlagen eingesetzt. Unten ist die Werbung für die erfolglose Z 750 mit DOHC-Zweizylindermotor abgebildet. Da in Japan fast alles ausprobiert wurde, waren natürlich auch einige Flops dabei.

takt-Dreizylindermotor für wahre Beschleunigungsorgien sorgte.

Dann folgte auch Suzuki mit Zweitakt-Dreizylindern – nicht ganz so extrem wie Kawasaki, aber genauso faszinierend. Die Modelle mit 380 und 550 cm³ Hubraum waren luftgekühlt, die 750er wurde das erste Großserienmotorrad mit Wasserkühlung (»Wasserbüffel«). Auch die japanischen Motorräder hatten ihre Schwächen, aber die Motoren hingegen hielten, was sie versprachen, sie waren vollgasfest, öldicht und laufruhig. Wer mit einem japanischen Motorrad losfuhr (und nicht in jeder Kurve ans Limit ging), kam auch an!

Die japanische Offensive war nicht zu stoppen. Yamaha konzentrierte sich anfangs auf kleine Hubräume bis 350 cm³ und produzierte unglaublich leistungsstarke Maschinen. 1972 setzte Kawasaki mit der Z 900 (mit DOHC-Motor) neue Maßstäbe, doch bald reichte auch ein Liter Hubraum nicht mehr aus – die ebenfalls von Kawasaki produzierte Z 1300 mit wassergekühltem Sechszylindermotor stellte schließlich einen technischen Höhepunkt im Motorradbau dar, der endgültige Grenzen sichtbar werden ließ.

In Ermangelung vergleichbarer Motoren setzte man in Italien auf das, was man besser konnte: stabile Fahrwerke, gute Federelemente und perfekte Bremsen. So konnte mit besserer Fahrbarkeit die Leistungslücke zu japanischen Maschinen deutlich verkleinert werden. Mit einer leichten Ducati 350 Desmo ließ sich auf kurvenreicher Strecke eine um 15 PS stärkere 400er-Kawasaki problemlos abhängen. Ging es dann aber geradeaus, tat man mit der Ducati allerdings gut daran, den Kawa-Piloten ziehen zu lassen, denn der betagte Einzylindermotor vibrierte heftig und verkraftete hohe Drehzahlen nicht lange ohne bleibende Schäden.

Die Honda CB 750 mit ihren 67 PS benötigte 13,2 Sekunden, um über die bei den Amerikanern alles entscheidende Viertelmeile zu beschleunigen. Die 500er-Kawasaki Mach III hatte 60 PS, war aber deutlich leichter, sodass sie für die etwa 400 Meter nur 12,6 Sekunden benötigte. Die Suzuki GT 750 war von vornherein mehr als Reisemaschine ausgelegt und hatte anfangs 51, später 63 PS. Sie brachte es in der Endgeschwindigkeit lediglich auf 180 km/h und brauchte für die Viertelmeile 13,5 Sekunden.

Bei Serienmaschinenrennen konnten Briten und Italiener noch bis weit in die 1970er-Jahre hinein mit den Japanern mithalten – dank guter Fahrwerke und zumeist besserer Fahrer. Die Dreizylinder von BSA und Triumph, die V7 Sport und Le Mans von Guzzi, die Laverda 750 SFC sowie die Ducati SS 750 und 900 waren unter Fahrern wie Mike Hailwood, Paul Smart, Bruno Spaggiari und Walter Villa noch lange Zeit Maß aller Dinge.

Auch im Grand-Prix-Sport hielten Agostini auf MV, Renzo Pasolini auf Benelli, und Villa auf Aermacchi-Harley-Davidson bis Mitte der 1970er-Jahre die Stellung, doch danach räumten die neuen Zweitakt-Vierzylinder aus Japan alles ab. 1976 auf dem Nürburgring gewann mit einer MV Agusta das letzte Viertaktmotorrad einen Grand-Prix, bevor im Jahre 2002 die neue MotoGP-Klasse eingeführt wurde.

Zum Schluss noch einige Zahlen, die den unglaublichen Erfolg japanischer Motorräder zeigten, an dem zweifellos die pfiffige und aggressive Werbung jener Zeit einen bedeutenden Anteil hatte: Von 1969 bis 1978 wurden bei Honda 553 000 Exemplare der CB 750 produziert, von der Kawasaki Mach III entstanden bis 1976 über 120 000 Maschinen, und Suzuki schaffte es, von der GT 750 in sieben Jahren immerhin 70 000 Fahrzeuge zu verkaufen.

Zehnjähriger Erfolg

Die Honda CB 750 (OHC) – DAS Motorrad der Neuzeit schlechthin – wurde von 1969 bis 1978 produziert. Zwar beherrschten Vierzylindermaschinen seit 1960 den Grand-Prix-Sport, doch war die 750 Four die erste Großserienmaschine mit einem quer installierten Vierzylindermotor. Trotz ihrer hohen Motorleistung waren japanische Motorräder noch lange Zeit so touristisch ausgelegt wie die große Honda.

Moto Guzzi Le Mans: der Volltreffer

Auch wenn die Rekordfahrten von 1969 die letzten offiziellen Sporteinsätze von Moto Guzzi waren, so nahmen in der Folge doch zahlreiche Fahrer auf V7 Sportmodellen an Langstreckenrennen für Serienmaschinen teil und hielten die Erinnerung an die zahlreichen Sporterfolge der Marke aus Mandello lebendig. Als man bei Moto Guzzi über ein Nachfolgemodell der immer noch stark auf der V7 Sport beruhenden S3 nachdachte, kam schließlich der Ort des berühmten Langstreckenrennens ins Gespräch – die 24 Stunden von Le Mans. Noch 1975 wurde sie vorgestellt: die Moto Guzzi 850 Le Mans.

Lino Tonti legte als Entwicklungsleiter großen Wert auf Fahrbarkeit und Sicherheit – trotz der hohen Fahrleistungen sollte das neue Sportmotorrad seinen Fahrer nicht überfordern. So wurde die Bremsanlage mit drei überdimensionierten Scheiben ausgestattet, die zudem mit dem Integralsystem bedient wurden: Per Pedal wurde eine der vorderen Bremsen sowie mithilfe eines Druckreglers die Hinterradbremse betätigt. Mit dem Bremshebel am Lenker wurde zum Erreichen der maximalen Bremswirkung die zweite Vorderradbremse bedient. Die 750 S3 war die erste Guzzi mit diesem Bremssystem, mit der Le Mans verfügten nun alle großen Modelle darüber.

Die Le Mans war nicht nur ein sehr schnelles und sehr sicher zu stoppendes Motorrad, denn mit dem in vielen Details verbesserten Rahmen der V7 Sport setzte sie auch neue Maßstäbe in der Fahrbarkeit bei hohen Geschwindigkeiten. Die Maschine war so überragend, dass sie bald zur ersten Wahl von Sportfahrern in Italien und der ganzen Welt wurde. Dem Triebwerk hatte man nicht nur eine Hubraum-Aufstockung gegönnt, sondern es auch anderweitig überarbeitet: Die Zylinderlaufbuchsen waren nicht mehr verchromt, sondern bestanden aus Schleuderguss. Die Nockenwellen erhielten die etwas zahmeren Steuerzeiten der Tourer-Modelle, doch dank frei atmender 36 mm-Vergaser wurde eine Spitzenleistung von 70 PS erreicht, die für mehr als 210 km/h ausreichte. Endlich war eine Moto Guzzi wieder in der alten Hausfarbe rot erhältlich, die rasante Erscheinung wurde zudem durch eine kleine Cockpitverkleidung, neue Schutzbleche, eine neue Sitzbank und leicht nach oben gezogene schwarze Schalldämpfer erreicht. Obwohl der Tank in der Form unverändert blieb, war er mit einer neuen Lackierung und unter dem übergreifenden Sitzbezug kaum wiederzuerkennen. In den ersten drei Jahren wurden über 7000 Le Mans gebaut, dennoch legte man bei Guzzi großen Wert auf stete Weiterentwicklung und Be-

Erfolgreiche Modellreihe

Heute wird der Name Le Mans nicht nur mit den berühmten Langstreckenrennen auf dem Rundkurs nahe der nordfranzösischen Stadt verbunden, sondern genauso mit einem Motorradhersteller vom Comer See. Die 24 000 Exemplare der ersten Baureihe (oben) machten die Le Mans zu einem der weltweit erfolgreichsten Sportmotorräder überhaupt. Unten ist die mit mehr Verkleidung versehene Le Mans II abgebildet.

achtung der Kundenwünsche. So folgte bereits 1978 die Le Mans II mit einem besseren Windschutz und hinter die Tauchrohre verlegten Vorderradbremssätteln. Es gab neue Sportreifen, und auf Wunsch war ein gerade verzahntes Sportgetriebe erhältlich. 1981 folgte nach 7335 Exemplaren die Le Mans III, die in den fünf folgenden Jahren in über 10000 Exemplaren gebaut werden sollte. Die Kühlrippen der Zylinder und Köpfe sowie die Ventildeckel waren nun eckig geformt, sodass sie gut zum insgesamt sehr kantigen Design mit neuem Tank, Seitendeckeln und Heckbürzel passten. Die neuen verchromten Auspufftüten erfüllten mit mehr Dämmung die zunehmend schärfer werdenden Emissionsvorschriften. Die Le Mans blieb auch in der dritten Generation ein hervorragendes Sportmotorrad, lag außergewöhnlich gut auf der Straße und war überdurchschnittlich gut zu bremsen, zudem konnte man bequem lange Strecken damit fahren. Japanische Vierzylinder-Motorräder waren in der Zwischenzeit deutlich stärker geworden und ihre Fahrwerke ebenfalls immer besser. Um konkurrenzfähig zu bleiben, hätte die Le Mans eigentlich einen völlig neuen Motor nötig gehabt, doch bei Moto Guzzi war kein Geld für ein grundlegend neues Triebwerk vorhanden. Ende 1984 wurde die neue Le Mans 1000 vorgestellt, deren auf 949 cm³ vergrößerter Motor nun 80 PS abgab – zu wenig für ein aktuelles Sportmotorrad. Zudem hatte man das Design von den kleinen Sportmodellen Imola und Lario übernommen und ohne weitere Anpassung des Fahrwerks ein 16-Zoll-Vorderrad »a la mode« eingebaut – eine Maßnahme, die das Fahrverhalten dramatisch verschlechterte. Anfangs verliefen die Verkäufe gut, doch bald sprach sich die kritische Straßenlage herum, sodass der wichtigste Kaufgrund für eine Le Mans nicht mehr gegeben war. Auch eine hastige Rückkehr zu 18 Zoll sowie die von ihr abgeleitete Klassik-Variante namens 1000 S im Stil der 750 S3 brachten keinen erkennbaren Erfolg mehr. Den Kampf um das beste Sportmotorrad hatte Italien bis auf Weiteres gegen Japan verloren.

Der Vorhang fällt

Die Le Mans 1000 blieb zwar bis 1993 im Programm, konnte den Erfolg ihrer Vorgängerinnen jedoch nicht wiederholen. Eine unüberlegte Fahrwerksänderung und die geringe Motorleistung sorgten dafür, dass in zehn Jahren nicht mehr als 6000 Exemplare verkauft wurden. Als der Trend zum großen Zweizylinder ausbrach und auch Honda und Suzuki mitmachten, war die Le Mans längst Geschichte.

Der große Gran-Tourismo-Erfolg

Anfang der 1970er-Jahre hatte Alejandro De Tomaso erkannt, dass er das Image der Marke Moto Guzzi ändern musste, um Erfolg zu haben. Das Erscheinungsbild der in die Jahre gekommenen V7-Modelle musste deutlich verjüngt werden. In dieser Erneuerungsphase – deren Ergebnisse dann alle Traditionalisten sprachlos machten – konnte er auf die Hilfe zweier renommierter Designbüros zurückgreifen, die sich beide in seinem Besitz befanden: Ghia und Vignale. Die gesamte Modellpalette sollte auf den neuesten Stand gebracht werden, besonders die V7 850 GT sah immer noch aus wie der Prototyp von 1964. Das Nachfolgemodell 850 T ging 1974 in Serie. Vom Rahmen her basierte die Maschine auf der V7 Sport, die Stoßdämpfer und eine Scheibenbremse im Vorderrad waren neu. Ein neuer Tank, eine bequeme Doppelsitzbank und zylinderförmige Auspuffrohre sowie reichlich Chrom sorgten für eine neue Linienführung. Beim bekannten Motor wurde die Lichtmaschine in die neue Position gebracht und die Leistung von 51 auf 59 PS erhöht. Das Motorrad wurde von Anfang an ein großer Erfolg: 5300 Fahrzeuge wurden im ersten Jahr verkauft. Bereits 1975 folgte (analog zur S3) die T3 mit drei Bremsscheiben und Integralbremse. Diese Maschine wurde auch in einer »California«-Variante angeboten, doch dazu später. Die T3 wurde ein riesiger Erfolg (12 000 Exemplare), sie war leistungsstark, sicher und zuverlässig – die Kundschaft war zufrieden. 1979 folgte die T4 als letzte 850er mit rundem Zylinderkopfdesign; ihre wichtigste Neuerung war die große Tourenverkleidung samt Windschutzscheibe von der 1000 SP. Des Weiteren gab es eine bequemere Sitzbank, Leichtmetall-Gussräder und eine neue leisere Auspuffanlage. Der Motor wurde mit Nigusil-Zylindern, größeren Ventilen samt 30er-Vergasern sowie einer neu-

Sportliche Tourer

Mit dem Erscheinen der Moto Guzzi 850 T war der alte V7-Doppelschleifenrahmen Geschichte geworden. Alle großen Guzzis waren nun mit dem V7 Sportfahrwerk ausgerüstet. Gegenüber der parallel gebauten 750 S hatte man im Vorderrad eine Scheibenbremse eingespart. Bald kamen die T3 mit Integralbremse und die T4 mit Vollverkleidung. Das letzte T-Modell war die T5 – mit dem unsäglichen 16-Zoll-Vorderrad.

BMW: Der Boxer schlägt zurück

In den 1970er-Jahren musste man bei BMW erkennen, dass Moto Guzzi zu einer ernsthaften Konkurrenz auf dem hauseigenen Spezialgebiet – den Reisemotorrädern – wurde. Die V7 und ihre Nachfolgerinnen forderten die Bayern heraus und machten ihnen sogar die Führung streitig. BMW konterte mit neuen Modellen und Ausstattungen (im Bild die Super-Reisemaschine R 100 RT) und verbesserte kontinuierlich den Reisekomfort, um die hohen Einstandspreise zu rechtfertigen. Mitte der 1980er-Jahre hatten die Deutschen gewonnen.

en Zündanlage überarbeitet, sodass jetzt 68,5 PS bei 7000 U/min anstanden.

Wie auch bei den anderen Modellen begann Mitte der 1980er-Jahre die Stagnation. Statt in neue Motoren und Fahrwerke zu investieren, begnügte man sich bei Moto Guzzi mit (hauptsächlich optischer) Modellpflege und einer großen Portion Hoffnung, um am Markt bestehen zu können. Das erste Ergebnis war die T5 mit eckigen Zylindern und leistungsreduziertem Motor, neuen Federelementen und »angesagten« 16-Zoll-Rädern, die zusammen mit der plumpen Verkleidung ohne Scheibe zwar ein langgestrecktes Erscheinungsbild brachten, sich aber negativ auf den Geradeauslauf auswirkten. 1984 wurde zwar hinten wieder ein 18er-Rad eingebaut, doch für einen Erfolg kam diese Hilfe zu spät. Ungeachtet der neuen 1000er-Modelle begann so der Niedergang der Guzzi-Reisemotorräder.

Viel zu viele Varianten

1975 hatte Lino Tonti die I-Convert mit auf 948,8 cm³ vergrößertem Motor, Zweiganggetriebe und Drehmomentwandler vorgestellt. Mit diesem Motor (aber ohne die erfolglose Automatik) wurde eine ganze Reihe von Modellen ausgerüstet. Zunächst kam die G5 (praktisch eine I-Convert mit Schaltgetriebe) und dann die vollverkleidete SP, deren Leistung um 4 auf 65 PS gesteigert worden war. Ab 1984 gab es die SP II mit zwei weiteren PS und neuem Styling, und 1988 die SP III mit einer riesigen Tourenverkleidung à la BMW – ein Erfolg wurde sie dennoch nicht.

(Fast) ein Liter und viel Drehmoment

Der ursprünglich durch 5 mm mehr Bohrung für die I-Convert entworfene »Tausender« (in Wirklichkeit war es gerade mal ein 950er) wurde auch in anderen Modellen verwendet – zum Beispiel bei der 1000 SP. Diese und ihre Nachfolgerin SP II verkauften sich gut. Letztere hatte 67 PS und ein beachtliches Drehmoment von 77 Nm bei 5200 U/min. Die ausladende Lenkerverkleidung (identisch mit der 850 T4) war im Windkanal entworfen worden und bot guten Schutz, ohne das Fahrverhalten zu verschlechtern.

Die California-Familie

Einzigartig

Nachdem die großen Sportmodelle in den 1980er-Jahren kaum noch Käufer fanden, wurde die California zu Guzzis Topseller. Oben ist eine Parade von 1100er Californias vor dem Werkstor in Mandello zu sehen, unten ein Vorserienmodell der California II, noch mit Teilen der T3 und rundem Motor.

Jede Firma hat in ihrer Geschichte Modelle, die den erwarteten Erfolg bei Weitem übertreffen. Bei Moto Guzzi trat dies mit der California ein, die eigentlich nur ein Sondermodell für den amerikanischen Markt werden sollte, nun aber schon seit 40 Jahren in großen Stückzahlen gefertigt wird. Kaum ein anderes Motorrad kann auf eine solch lange Produktionsdauer verweisen. California ist wie Le Mans zu einem Markenzeichen geworden, das jeder sofort mit Moto Guzzi in Verbindung bringt. Das erste Modell dieser Reihe war die Ambassador, von der eine Sonderserie vornehmlich an Polizeibehörden in den USA geliefert wurde, und die aufgrund des gewaltigen Drehmoments und des beim Schalten in den zweiten Gang abhebenden Vorderrades bald den Spitznamen »Buffalo« bekam. Der Erfolg des Büffels bewirkte, dass man sich in Mandello Gedanken über eine zivile Version machte, die mit hoher Windschutzscheibe und kleinen Koffern ganz dem amerikanischen Geschmack entsprechen sollte. Der Name war nicht nur wegen der besonders an der amerikanischen Westküste beliebten Polizeimaschine, sondern wegen der in Europa vorherrschenden Assoziation mit Sonne, Strand, Surfen und Hollywood eine gute Wahl, der die Verkaufszahlen gewiss nicht behinderte. Auf zeitgemäße Chopper-Elemente wurde fast völlig verzichtet, der breite Lenker und die bequeme Sitzbank erinnerten eher an die Electra Glide von Harley-Davidson. Als Antrieb diente der 850er-Motor samt neuem Fünfganggetriebe. Die ersten Exemplare gingen noch vor dem Mailänder Salon 1971 auf den Weg nach Übersee. Das

Motorrad sollte auch in Italien angeboten werden, doch einen großen Erfolg in der Heimat versprach man sich nicht.

Doch das Motorrad fand auch in Europa seine Marktnische – etwa 2500 bis 1973 hier zugelassene Motorräder belegen dies eindrucksvoll. Dies reichte aus, um an die Zukunft des Modells zu glauben und es weiterzuentwickeln. 1975 folgte das auf der T3 basierende neue Modell, das jedoch mit zahlreichen neuen Anbauteilen eine völlig andere Gestaltung hatte. Anfangs hielt sich der Erfolg in Grenzen (ca. 1000 Stück in zwei Jahren), doch der Name California wurde immer bekannter. Zudem ging auch in Europa der Kundengeschmack immer mehr in Richtung »Cruiser«. 1981 erschien die California II mit 950 cm³ Hubraum. Basis war immer noch das Tourenmodell, das mit Doppelsattel, hoher Windschutzscheibe, Koffern, einem hohen Lenker und breiten Kotflügeln zur California wurde. Mit 9000 Fahrzeugen in sechs Jahren sollte diese nun bereits zum Rückgrat der gesamten Modellpalette werden. 1987 erschien die California III, die mit völlig neuem Design und tropfenförmigem Tank eine eigene Linie darstellte. Ihre neue Stufensitzbank senkte die Sitzhöhe deutlich ab, sodass der Fahrer nicht mehr auf dem, sondern im Motorrad Platz nahm. In den 1990er-Jahren folgten Detailänderungen, und ab 1994 gab es den neuen 1100er-Motor (Bohrung x Hub: 92 x 80 mm), der anfangs mit Vergasern und später mit einer Einspritzanlage 75 PS leistete. Jetzt waren die Nevada und die California praktisch die einzigen Moto Guzzis, die in nennenswerten Stückzahlen gebaut wurden. Doch auch ihr Erfolg ließ mit der Zeit nach.

Ein Spitzen-Fahrwerk

Die California wies für einen Cruiser ein überragendes Fahrwerk auf, da sie aus einem Tourenmotorrad entstanden war. Anders als die meisten Mitbewerber überzeugte die Maschine mit guter Fahrbarkeit und sicherer Straßenlage, nie wurden diese Eigenschaften den Wünschen nach »cooler« Optik und Sitzposition geopfert. Am Rahmen, den Federelementen und der Bremsanlage wurde bei Moto Guzzi nicht gespart, ihre Agilität macht die California trotz des beachtlichen Gewichts deshalb weltweit einzigartig.

Erster Versuch

Ungeachtet des Vorgängermodells Ambassador war es die California, die die Amerikaner endgültig von Moto Guzzi überzeugte. 1971 lief die Serienfertigung der 850er an (nur wenige Exemplare hatten noch das 757 cm³-Triebwerk der V7 Special), und bis 1974 gab es bis auf einen neuen Auspuff und die Scheibenbremse im Vorderrad nur wenige Änderungen.

California 1000 und 1100

California III

Seit 1987 bestimmten eine Stufensitzbank und ein Tropfentank die Optik der damals neuen California III. Wahlweise gab es Guss- oder Drahtspeichenräder.

Basierend auf dem ursprünglichen V7-Triebwerk mit 703 cm³ entstanden in verschiedenen Ausbaustufen immer größere Motoren mit 757 und 844 cm³ Hubraum. Die Japaner hatten es vorgemacht, und bei Guzzi wollte man nicht hinten anstehen. 1981 profitierte auch die California vom 949 cm³ großen »Tausender«-Motor und seinen 65 PS – wichtiger war jedoch der Drehmomentzuwachs. Der Motor wurde im Laufe der Jahre immer weiter verbessert und ab 1987 mit einer elektronischen Benzineinspritzung beatmet – einer Innovation, die in Japan lediglich Kawasaki in nur wenigen Maschinen einsetzte. 1994 erfolgte die nächste Hubraum-Vergrößerung auf jetzt 1064 cm³ – die California 1100 war jetzt sowohl mit Vergasern wie auch mit Einspritzung erhältlich. Das Modell wird bis heute in zahllosen Varianten angeboten, darunter seit 2006 auch der »Vintage«, die in der Linienführung an die California II erinnert.

California-Vielfalt

In der fast 40 Jahre währenden Geschichte der California gab es etwa 20 Modellvarianten. Wenn die insgesamt 70 000 gebauten Exemplare auch nicht besonders viel sein mögen, so ist dies schon eine außergewöhnliche Karriere. Sondereditionen wie das 1996 produzierte Jubiläumsmodell zum 75-jährigen Firmenjubiläum oder die EV 80 von 2001 mit Sitzbank und Taschen aus Leder rundeten die California-Palette ab. Von 1999 an waren auch abgespeckte Versionen wie die Jackal, die Stone, die Metal und die Aluminium im Programm, die sich lediglich durch ihre Lackierungen unterschieden.

Reichhaltige Ausstattung

Die California II basierte technisch auf der T3, den Unterschied machten jedoch die zahlreichen Anbauteile, darunter die Windschutzscheibe, die Koffer, der Doppelsitz mit weißen Flanken, die ausladenden verchromten Kotflügel und die Sturzbügel vorne und hinten.

Integralbremse

Wie auch die T3 hatte die California II das Integralbremssystem. Moto Guzzi verbaute diese als Sicherheits-Plus bewertete Technik bis Anfang des neuen Jahrtausends in alle Motorräder. Die California II rollte vorne wie hinten auf groß dimensionierten 120/90-18-Reifen.

1975

California EV und Vintage

Basis aller aktuellen California-Modelle ist die 1997 vorgestellte EV mit 1064 cm³ Hubraum und verbesserter Einspritzanlage. Die Gabel lieferte Marzocchi, die hinteren Federbeine stammten von White Power. Auf die Speichenräder von BBS konnten Schlauchlos-Reifen montiert werden. Ab 2006 gab es die Vintage als Hommage an die California II.

Gut gekühlt

In der California 1000 erschien erstmals der neue 1000er-Motor mit eckiger (und großflächigerer) Verrippung. 9,2 : 1 verdichtet erreichte das Triebwerk 65 PS bei 6 750 U/min. Das 41 mm große Einlassventil und das 36 mm messende Auslassventil standen im Winkel von 70° zueinander.

In Kunst und Film

Celetti, der freche Streifenpolizist

Alberto Sordi und seine unermüdliche Falcone aus dem Film »Il Vigile« (Der Schutzmann) von 1960, einer Parodie über einen Arbeitslosen, der zum beflissenen Ordnungshüter wird, sobald er die Uniform übergestreift hat. Bis hin zum Bürgermeister ist niemand vor seinen Verwarnungen sicher.

Rechts der schottische Schauspieler und Moto Guzzi-Fan Ewan McGregor vor einem Plakat von Sean Connery als James Bond in »Diamantenfieber« auf einer Ambassador.

Wie lässt sich die Bedeutung eines Markennamens messen? Über welchen Glanz verfügt ein Name? Welchen ideellen Wert fügt er dem Materiellen eines Produktes hinzu? Ganz sicher hängt dies nicht direkt mit Verkaufszahlen zusammen. Am wichtigsten ist wohl, dass er ein Zugehörigkeitsgefühl zu einer bestimmten Personengruppe entstehen lässt, sodass man beim Kauf des Produktes einer Art Klub beitritt und Teil einer besonderen Welt wird. Dies trifft natürlich besonders auf Motorradmarken zu – man denke nur an Harley-Davidson, MV Agusta oder Ducati. Auch Moto Guzzi stand international immer für ganz bestimmte Tugenden. Die Motorräder mit dem Adler waren einst ein Symbol für technische Exklusivität und Geschwindigkeit, und so war es kein Zufall, dass Federico Fellini in Amacord eine rote Guzzi wählte, um den Aufbruch der Geschwindigkeit in den frühen Jahren der Motorisierung zu zeigen. Es war wie ein Blitz auf den noch von Eselskarren und Pferden blockierten unasphaltierten Straßen, der sogar die dunkle Winternacht in der Emilia Romagna erleuchtete und das Donnern und den Gestank der ersten einfachen Motoren nach sich zog. Mensch und Maschine wurden eins – ein moderner Zentaur, der keiner Nützlichkeit unterworfen ist. Das Motorrad an sich ist kein Transportmittel, sondern steht wie ein Rennpferd für pure Geschwindigkeit. Dies war der Mythos des Motorrades in den 1920er-Jahren – und es war der Mythos von Moto Guzzi. Dies natürlich besonders in der Emilia Romagna, der Region Italiens, die schnell zur Wiege des mechanischen Fortschritts wurde. Die starke Symbolik einer Guzzi wurde auch in den Bildern des Malers Antonio Ligabue – »Al Matt« (der Verrückte) genannt (1899 bis 1965) – immer wieder dargestellt. Damals war er nur ein verrückter Maler, erst nach seinem Tode wurde er berühmt und verehrt. Während seines Lebens irrte er häufig an den Ufern des Po entlang und hielt sich immer wieder in psychiatrischen Kliniken auf. Er starb an den Folgen eines Unfalls mit seiner geliebten Moto Guzzi, die in zahlreichen seiner Bilder auftaucht, darunter auch seinem Selbstbildnis – immer in Feuerrot und mit verchromtem Fischschwanz-Auspuff. Hinter dem Motorrad nähert sich eine Schlange – vielleicht ein Symbol der Gefahr.

Guzzi-Motorräder waren – zumeist als Polizeimaschinen – in zahlreichen weiteren italienischen Filmen zu sehen, darunter in Alberto Sordis »Il Vigile« (Der Schutzmann) von 1960. Viele erinnern sich noch an die Szene vor der »Kurve des Todes«: Der tüchtige Polizist Celletti ist von seiner Falcone abgestiegen und schwenkt wie

wild die Kelle, um alle anzuweisen, langsam zu fahren. »Gleich kommt die Todeskurve!« schreit er sogar die Radfahrer an. Als dann unvermutet das Auto des Bürgermeisters kommt, stoppt er unverzüglich den gesamten Verkehr und ermahnt den Bürgermeister, sich zu beeilen. Das Ergebnis: Auto und Bürgermeister liegen in der Schlucht unterhalb der Todeskurve!

Guzzis sind auch in Pier Paolo Pasolinis Film Accattone und Fellinis Rom von 1972 zu sehen. Sehr eindringlich ist die nächtliche Fahrt einer Gruppe von Motorradfahrern auf Guzzis, BMWs und Laverdas durch das menschenleere Rom von der Piazza del Popolo zum Kolosseum dargestellt.

Lustig ist die Szene mit Ugo Tognazzi auf einer 500 S mit Beiwagen im Film »Il Federale« (Zwei in einem Stiefel): Primo Arcovazzi, selbsternannter »wahrer Faschist«, nimmt mit seinem Gespann einen äußerst tückischen Streckenabschnitt in Angriff, und bald ruft er unentwegt, aber zwischen den Fontänen aus Schlamm und Wasser kaum verständlich: »Scheiß Löcher, scheiß Löcher! Oh, mein Rücken! Scheiß Löcher mit Schlamm! Scheiß Löcher mit Wasser!«

Ein weiteres Guzzi-Gespann spielt immer wieder in den von Giovanni Guareschi erdachten Episoden von Don Camillo und Peppone (in der Verfilmung gespielt von Fernandel und Gino Cervi) mit. Seltener sind Guzzis in ausländischen Filmen zu sehen, am bekanntesten ist noch der Auftritt einer Ambassador der amerikanischen Polizei in »Diamantenfieber« mit Sean Connery.

Dingo, eine Jugendliebe

Er war zweifellos der kreativste und innovativste Comiczeichner Italiens: Andrea Pazienza – genannt Paz –, dessen bekannteste Figur der ewige Sitzenbleiber Zanardi war. Pazienza selbst war das genaue Gegenteil seines Antihelden: Er brachte es vom Zeichner zum Filmschaffenden. Er wirkte an Fellinis »Stadt der Frauen« mit und war am Drehbuch zu Roberto Benignis Film »Il Piccolo Diavolo« (Ein himmlischer Teufel) beteiligt. Hier sehen wir den 14-jährigen Pazienza auf seiner Dingo Cross am Adria-Strand. Es sollte nicht bei der Dingo bleiben, denn sie weckte in ihm den Wunsch nach richtigen Motorrädern. Andrea Pazienza wurde nur 32 Jahre alt.

»Al Matt« mit Motorrad

Antonio Ligabue – »Al Matt« (der Verrückte) genannt – liebte vor allem zwei Dinge: das Malen und lange Ausfahrten mit seiner Falcone im Po-Delta. Für das Motorrad gab er im Tausch vier seiner Bilder. Wenn der Vorbesitzer die Bilder noch hat, kann er von sich behaupten, ein sehr gutes Geschäft gemacht zu haben.

Großartige Idee, Dr. John!

Das Zahnarzt-Motorrad

Der BOT-begeisterte Zahnarzt John Wittner mit einer der ersten Serien-Daytonas (rechts). Unten ist der Triebsatz des Prototypen zu sehen. Gut erkennbar die vorne liegende Zahnriemensteuerung der halbhoch in den Köpfen liegenden Nockenwellen. Die Aluminium-Schwinge und der unter dem Motor liegende Stoßdämpfer wurden nicht in die Serie übernommen. Auf der folgenden Seite ist die Frontpartie der Daytona 1000 mit der 42 mm-Marzocchi-Gabel und den 298 mm großen Brembo-Scheiben samt Vierkolben-Sätteln zu sehen. Die Daytona war nach fast 20 Jahren die erste Moto Guzzi ohne Integralbremse.

Als bei Moto Guzzi die Le Mans in Pension geschickt wurde, war dies einer der traurigsten Momente der Unternehmensgeschichte. In den 1980er-Jahren befand sich die gesamte De Tomaso-Gruppe im Niedergang. Schließlich war das Werk in Mandello auf eine Frischzellenkur angewiesen, die aus den USA kommen sollte. Dort waren seinerzeit Battle of Twins-(BOT-) Rennen sehr populär, bei denen – wie der Name bereits andeutet – lediglich Motorräder mit Zweizylindermotoren zugelassen waren. Einem sowohl in Motorradrennen wie auch die Marke Moto Guzzi vernarrten Zahnarzt gelang es, ein Rennen in Daytona mit einem Eigenbau zu gewinnen. Sein Name war Dr. John Wittner, sein Motor trug neue Zylinderköpfe mit oben liegenden Nockenwellen und vier Ventilen. Originell war auch der Rahmen: Ein stabiler Kasten trug vorne den Steuerkopf und hinten ein Querrohr, an dem massive Aluminium-Träger saßen, dazwischen die Schwinge. Diese zog über ein anscheinend von Vorkriegs-Guzzis abgeleitetes Hebelsystem an einem unter dem Getriebe liegenden Stoßdämpfer. Die Wittner-Guzzi wurde in den USA sehr bekannt, und so rief De Tomaso ihren Erbauer nach Mandello, um dort

auf Basis seines Eigenbaus eine neue Supersport-Guzzi zu entwickeln. Bereits 1989 wurde in Mailand der erste Prototyp gezeigt, doch dann geriet das Projekt ins Stocken. Erst Ende 1991 war es soweit, die Serie lief an, und mit zahlreichen Verbesserungen wurde Guzzis neuer Supersportler sechs Jahre lang gebaut. Die Sensation war natürlich der neue kurzhubige Motor mit 992 cm³ (Bohrung x Hub: 90 x 78 mm). Wie später bei den neuen BMW-Boxern lagen die Nockenwellen seitlich im Kopf und betätigten mittels sehr kurzer Stößelstangen und Gabel-Kipphebel die jeweils vier Ventile. Die Nockenwellen selbst waren per Zwischenwelle (wo bei anderen Guzzis die Nockenwelle sitzt) und Zahnriemen angetrieben. Mithilfe einer Marelli-Einspritzung erreichte das Triebwerk laut Werk 94 PS bei 7500 U/min. Der Antrieb erfolgte über eine verstärkte Trockenkupplung, das bekannte Fünfganggetriebe und einen in Parallelogrammbauweise aufgehängten Kardanantrieb mit offen laufenden Kreuzgelenken.

FUEL INJECT

Ein seltener Vogel aus Mandello

Leider blieb die Daytona ein Nischenprodukt – nicht weil Moto Guzzi zu wenige produzieren konnte, sondern weil ihr Preis 1992 mit fast 27 000 D-Mark viel zu hoch lag. Später ging man auf knapp 22 000 D-Mark herunter, doch – auch aufgrund der äußerst erfolgreichen Ducati 916 – wurden insgesamt lediglich knapp 1500 Daytonas gebaut – darunter auch Modelle mit Doppelsitz (»Biposto«) und auf 102 PS gesteigerte Racing-Versionen. Später wurde daraus die optisch ähnliche, aber mit einem vergrößerten OHV-Zweiventiler und Vergasern ausgerüstete 1100 Sport abgeleitet. Den OHC-Vierventil-Einspritzer baute man stattdessen in die Centauro ein (siehe Seite 132). Noch heute findet sich das inzwischen durch 10 mm mehr Bohrung auf 1225 cm³ und 128 PS vergrößerte Triebwerk im Produktions-Racer MGS-01 Corsa.

Wie immer mit Kardan

Der Winkeltrieb am Hinterrad war drehbar gelagert und mit einer Momentstrebe gegen den Rahmen abgestützt, sodass Lastwechselreaktionen kaum spürbar waren. Die Stahlrohrschwinge stützte sich nach dem Cantilever-Prinzip direkt gegen einen über dem Getriebe liegenden WP-Stoßdämpfer ab.

Vierventiler

Der neue Motor war schon von Weitem an den riesigen quadratischen Zylinderköpfen zu erkennen, auf den Ventildeckeln stand stolz »OHC 4V«. Sportfahrer ließen sich trotz ausreichend Leistung nie richtig von der Daytona überzeugen, da sie sehr schwer war, über einen Kardanantrieb verfügte (sodass eine Anpassung der Übersetzung mühsam und teuer wurde) und das Guzzi-typische Getriebe doch eher zu einer California mit Schaltwippe passte.

1992

Traditionelles Design

Die Daytona sah nicht nur lang aus – sie war es auch. Die Form des schmalen Tanks fand sich im gewaltigen Bürzel wieder, der den Luftfilter, das Steuergerät und – wahrlich sehr schwerpunkt-günstig! – die Batterie beherbergte. Die Verkleidung bot einen verhältnismäßig guten Windschutz.

Nur das Nötigste

Wie von einem Sportmotorrad zu erwarten, wies das Cockpit lediglich in Schaumstoff gelagerte Tachometer und Drehzahlmesser auf – mit roten Zeigern auf weißem Grund.

Stabile Vorderradführung

Außer der RR wiesen alle Daytonas die in der Federvorspannung sowie der Zug- und Druckstufe einstellbare Marzocchi-Telegabel mit 42 mm Standrohrdurchmesser auf. Verzögert wurde vorne mit zwei Brembo-Vierkolbensätteln, die auf schwimmend gelagerte 298 mm-Scheiben wirkten.

Ein bemerkenswerter Klotz

Das quasi frei aufgehängte Daytona-Triebwerk wirkte äußerst massig – und war es auch. Es erforderte einen langen Radstand, der das Fahrverhalten etwas träge, dafür aber bei hohem Tempo sehr sicher machte.

V10 Centauro

Mitte der 1990er-Jahre lag Moto Guzzi mal wieder komplett am Boden. 1996 übernahm die private Finanzholding Finprogetti Teile von DTM (De Tomaso Industries), und man begann in Mandello einmal wieder einen Neubeginn. Seit einiger Zeit hatte sich Moto Guzzi verzweifelt an einige wenige Modelle geklammert, die seit mehr als zehn Jahren im Programm waren, während die Daytona bei Weitem nicht die erhofften Verkaufszahlen lieferte. Kleine Modellpflegemaßnahmen reichten nicht mehr aus, um die Verkäufe anzukurbeln. Etwas wirklich Neues – eine echte Sensation – wurde gebraucht, um wieder auf die Füße zu kommen.

Dieses Neue sollte das Designzentrum Audis vor den Toren Mailands entwerfen. Dessen Gründer Luciano Marabese war ein großer Motorrad-Liebhaber und hatte bereits die HRD 125, die Piaggio-Modelle Sfera, Hexagon und MP3 und die Gilera DNA gestaltet (später sollten die neuen Morinis von der Corsaro bis zur Granpasso hinzukommen). Nun war erst einmal die Centauro an der Reihe, die auf der Daytona 1000 basieren sollte, um wenigstens einen Teil von deren Entwicklungskosten wieder einspielen zu können. Alles musste sehr schnell gehen, denn Moto Guzzi brauchte dringend frisches Blut – und das Ergebnis wurde fraglos ein sehr spezielles Motorrad. Die gewählte Linienführung war weich und rundlich, das ganze Motorrad wirkte lang, gedrungen und massig. Vorne sah die Maschine wie ein Motorrad aus – hinten jedoch wie der stärkste Motorroller der Welt. 95 PS und ein im Drehmomentverlauf optimierter Vierventilmotor mit zahlreichen Verbes-

Gewagtes Design

Die V10 Centauro kam 1995 – und war 1997 schon wieder verschwunden. Zwar stimmten Qualität, Leistung und Preis wie bei Moto Guzzi seit Jahren nicht mehr, aber das vom ehemaligen Piaggio-Designer Luciano Marabese entworfene Fahrzeug schreckte sowohl Guzzi-Traditionalisten wie auch alle anderen Motorradfahrer ab.

serungen sowie das sehr gute Fahrwerk hätten die Leute dazu bringen können, den Zentaur zu kaufen. Das Daytona-Triebwerk hatte inzwischen einen schlechten Ruf. Mit 1500 Exemplaren in zwei Jahren wurden deutlich mehr V10-Modelle als Daytonas gebaut.

Die Haltung des Fahrers entsprach mit dem weit hinten liegenden Sitz und dem breiten weit vorne liegenden Lenker der eines Dragster-Piloten – viel weiter als 400 Meter konnte niemand wirklich bequem darauf sitzen, geschweige denn ein Gefühl für das Fahrverhalten entwickeln.

Es half nichts, dass der Rest der Maschine auf einem sehr hohen Niveau war – das Spitzenfahrwerk mit hochwertigen Komponenten suchte zu jener Zeit im Serienbau seinesgleichen (vorne gab es eine WP-Upsidedown-Gabel, hinten einen voll einstellbaren Stoßdämpfer des gleichen Herstellers, verzögert wurde mit Serie Oro-Bremsen von Brembo), auch die Verarbeitung war seit langer Zeit wieder sehr ansehnlich geworden.

Moto Guzzi versuchte, den schlechten Start mit zwei neuen Varianten wettzumachen: der GT von 1997 mit Scheibe, Doppelsitzbank und Gepäckträger, sowie einer hübsch lackierten Sportversion mit Streifen am Tank, einer kleinen Instrumentenverkleidung und einem Bugspoiler. Von beiden Modellen wurden insgesamt 200 Stück verkauft.

Zusammen mit der Centauro verschwand zunächst auch der Vierventil-V2, ohne dass ihn jemand wirklich vermisste. In Mandello wurde unterdessen an einem Projekt gearbeitet, das mehr dem entsprechen sollte, was die Kundschaft von Moto Guzzi erwartete: Nach der V10 kam die V11 Sport.

V11 Sport – die verkannte Schönheit

Auf dem Mailänder Salon 1997 feierte Moto Guzzi sein 75. Firmenjubiläum. Um das Publikum zu begeistern, wurden die wichtigsten Meilensteine der Werksgeschichte gezeigt. Es liefen Filme aus der Vergangenheit, und die legendäre 500er-V8-Rennmaschine durfte auch nicht fehlen. Aber in der Mitte des Messestandes stand hell erleuchtet Guzzis Zukunft: die neue V11 Sport 1100. Diesmal hatte sich V10-Designer Marabese an der V7 Sport orientiert (statt an Motorrollern), die neben der V11 auf dem Stand zu sehen war – und das Ergebnis begeisterte. Die Farbgebung war mit einem roten Rahmen und einem in Hellgrün-metallic gehaltenen Tank die gleiche wie bei der Erstserie der V7 Sport. Die gewählte Linie war eine Mixtur aus Café-Racer und moderner Sportmaschine, die eng um den Motor verlegten Krümmerrohre mündeten in steil ansteigenden schwarzen Schalldämpfern, der tief angesetzte Lenker ließ sich vielfach verstellen. Alles zusammen wirkte wie eine Raubkatze vor dem Absprung. Der Motor war ein alter Bekannter aus der 1100 Sport, der bereits hier zuletzt mit einer Einspritzanlage bestückt worden war und nun 91 PS leistete. Eine echte Neuheit war das von Todero entworfene Dreiwellen-Getriebe mit sechs Gängen. Bei gleichen Fahrleistungen war die Fahrbarkeit wesentlich besser als bei der Centauro, nur oberhalb von 150 km/h wurde die Maschine etwas unruhig und kippelig – bei späteren Modellen wurde dies durch eine geänderte Lenkgeometrie abgestellt. Moto Guzzi hatte sich Großes erhofft, doch auch diesmal hielten sich die Käufer bedeckt, sodass diese Erwartungen nur teilweise erfüllt wurden. Wenn selbst so ein schönes Motorrad die potenziellen Motorradkäufer nicht mehr ansprach, wie sollte dann das nächste Modell aussehen?

Verbesserte Mechanik

Der Motor stellte einen Kompromiss aus Leistung und Zuverlässigkeit dar. 81 PS bei 7750 U/min reichten locker für 210 km/h. Exzellent war das neue Sechsganggetriebe mit drei Wellen: Endlich konnte man sich aufs Fahren konzentrieren, statt über Schaltvorgänge nachzudenken.

Doppelauspuff

Die V11 war noch mit einer symmetrischen Doppelrohr-Auspuffanlage ausgerüstet. Die dicken Zwei-in-Eins-Töpfe sollten erst bei späteren Modellen in Mode kommen.

Unendliche Vielfalt

Von der V11 Sport gab es sehr viele Varianten – und jedem neuen Detail (und wenn es nur eine neue Farbgebung war) folgte ein neuer Name. Der Mutterkonzern Aprilia wollte damit das Interesse an der einzig verbliebenen Sport-Guzzi wachhalten, doch die Verkaufszahlen blieben bescheiden. Manche potenziellen Kunden waren vielleicht auch verwirrt über die vielen sehr ähnlichen Motorräder mit den unterschiedlichen Namen.

1998

Einstellbarer Lenker

Mit der V7 Sport hatte Lino Tonti einen vielfach verstellbaren Lenker eingeführt. Auch bei der V11 Sport waren die Lenkerhälften in der Höhe und dem Anstellwinkel verstellbar – hinzu kam die Möglichkeit, den Lenker in der Breite einzustellen. Die Instrumente stammten von der V10 Centauro.

Gutes Fahrwerk

Die Gabel kam aus der Daytona Racing, die V11 Sport war damit überraschend agil. Auch die Bremsanlage war der Motorleistung in jeder Hinsicht gewachsen.

Eingehängtes Triebwerk

Der massive 1100 cm³-Motor wurde unter den Einrohr-Brückenrahmen gehängt. Der Ölkühler lag unter dem Lenkkopf und nicht mehr relativ ungeschützt vor der Ölwanne wie bei der Centauro.

Ippogrifo und Quota

Im Jahre 2000 wurde die Traditionsfirma Moto Guzzi vom erst zwanzig Jahre im Motorradgeschäft befindlichen »Emporkömmling« Aprilia übernommen, womit deren Begründer Ivano Beggio ein Desaster am Comer See abwenden konnte. In Mandello stand frisches Geld zur Verfügung und die Fertigungsqualität wurde unverzüglich besser. Beggios unmittelbares Konzept bestand zunächst darin, von vorhandenen Motorrädern diverse Sondermodelle abzuleiten, schließlich hatte dies nicht nur bei Moto Guzzi schon oft gut funktioniert. Begonnen wurde mit der V11 Sport, doch wurde die Modellvielfalt hier dermaßen übertrieben, dass der Absatz vielleicht gerade deshalb nicht anstieg und potenzielle Interessenten den Überblick verloren. Es gab die Varianten Rosso Mandello, die Scura und die Scura R, die Ballabio, die Coppa Italia, die Tenni und die Le Mans mit Halbschalenverkleidung, doch all das brachte nicht viel und 2005 wurde die V11 Sport eingestellt. Inzwischen zeigen Sammler reges Interesse an der Maschine.

Zeitgleich mit der V11 wurde die Quota 1000 IE als vorläufig letzte Variante der großen Reise-Enduro aus Mandello vorgestellt. Bereits 1989 wollte man bei Guzzi der äußerst erfolgreichen GS-Reihe von BMW etwas entgegensetzen (wie es heute erneut mit der Stelvio versucht wird), doch die Quota wurde bei ihrer Vorstellung mit Befremden zur Kenntnis genommen – sie war riesig und schwer (etwa wie eine BMW R 1150 GS), und das Fahren mit ihr erforderte viel Kraft. Technisch war sie auf der Höhe der Zeit: Der Vierkantrohr-Rahmen war mit Marzocchi-Federelementen ausgerüstet und der 72 PS starke 1000er-Motor zunächst mit einem Weber-Doppelvergaser, ab 1991 mit einer elek-

Leider nur ein Prototyp

Seit 1995 wurde die Ippogrifo 750 immer wieder gezeigt, erst im Jahre 2000 wurde das Projekt endgültig begraben. Die Maschine war mit einem für ein Leichtflugzeug entwickelten Motor ausgerüstet, der sich stark vom V75-Triebwerk unterschied, hinzu kam ein Sechsganggetriebe. Umberto Todero gab 60 PS Leistung am Hinterrad an.

tronischen Einspritzanlage versehen; jetzt gab es auch eine zweite Bremsscheibe im Vorderrad. Trotz guter Fahrleistungen wurde die Maschine kein Erfolg. Als letzte Ausbaustufe folgte dann 1997 die Quota 1100 ES, deren Triebwerk zwar »nur« 70 PS leistete, dafür aber bereits bei 3800 U/min ein beachtliches Drehmoment von 90 Nm erzeugte. Trotz eines neuen Stylings und einer abgesenkten Sitzbank waren ein Radstand von 162 mm und ein Leergewicht von 245 kg nicht von der Hand zu weisen. Auch wenn sie sich zu ihrer Zeit schlechter verkaufte als Groß-Enduros von BMW oder aus Japan, so hat die Quota doch heute einen treuen Liebhaberkreis.

Toderos letztes Projekt

Der Ippogrifo (Bild linke Seite) blieb leider eine Serienfertigung versagt – sie war Umberto Toderos letzter Entwurf. Das per Einspritzanlage versorgte 750er-Triebwerk war von ihm ursprünglich für ein unbemanntes Aufklärungsflugzeug entwickelt worden, das Projekt ging an die israelische Armee. Natürlich handelte es sich um einen V2-Motor mit 90° Zylinderwinkel, der dem Einsatz im Motorrad angepasst worden war. Mit dem aus der Nevada bekannten V75-Aggregat hatte er trotz äußerlicher Ähnlichkeiten keinerlei Gemeinsamkeit.

Wenig geliebt

Die Quota fand auch in der letzten Ausführung von 1997 bis 2000 nur wenige Käufer, obwohl sie letztendlich genauso gut auf Straße und Schotterpisten zu bewegen war wie ihre übermächtigen Konkurrentinnen von BMW. Fernreisende hätten sie eigentlich zumindest der komplizierter aufgebauten Vierventil-GS vorziehen müssen – taten es aber nicht.

Welch ein Tag!

Drei Tage Feiern am Seeufer mit Konzerten, Ausstellungen und Besuchen im Werk und dem Werksmuseum – die Giormate Mondiali Guzzi haben schon immer Tausende Markenfans an den Comer See gezogen. Das beeindruckendste der bisher vier Feste fand ab dem 16. September 2006 anlässlich des 85. Firmenjubiläums mit Guzzisti aus ganz Europa statt.

2006 (alle Bilder sind aus dieser Zeit) brach mit mehr als 15 000 Teilnehmern alle Rekorde, sodass am gesamten Ostufer des Comer Sees nichts mehr ging. Alle Baujahre und Hubraumklassen waren vertreten – von der Guzzino 65 zur Norge 1200, von der Falcone 500 bis zur Breva 850; darunter auch zahllose Rennmaschinen.

Das Volk der Guzzisti ist von ganz besonderer Art: Man findet weniger Nietenjacken als bei einem Harley-Treffen, sie sind nicht so hartnäckig wie BMW-Fahrer und sie sind umgänglicher als die Fahrer von Sportmaschinen, deren Gedanken sich nur darum drehen, möglichst oft das Knie am Boden zu haben. Die Guzzisti sind Langstreckenfahrer, die zum Teil mehrere Tausend Kilometer hinter sich gebracht haben, um dabei zu sein. Elisa Richardson kam aus England, Karmala Harri-Jyvaskyla hatte einen langen Ritt aus Schweden hinter sich.

Die Werksleitung nutzte die Gelegenheit und stellte die gesamte aktuelle Modellpalette von der California über die Breva bis hin zur Griso für Probefahrten bereit. Bei Moto Guzzi ist man sich bewusst, dass in zahllosen Markenklubs weltweit über 25 000 Mitglieder organisiert sind und alleine in den USA 52 Klubs für italienische Motorräder existieren – und von fast allen Clubs Abgesandte in Mandello waren, um zu Hause berichten zu können.

Alle gemeinsam

Bei der gemeinsamen Ausfahrt waren alle Guzzi-Fans miteinander vereint. Hier steht eine C 2V 500 neben einer modernen California.

Invasion

2006 feierten mehr als 15 000 Guzzi-Fans aus aller Welt das 85-jährige Bestehen des Werkes.

Historische Parade

Eine als Weltrekordmaschine von 1969 getrimmte Le Mans verlässt vor einer Guzzino 65 das Werkstor zur Parade der Klassiker.

Der Ehrengast 2006 war Gianfranco Guareschi, der am 6. März 2006 mit einer Guzzi MGS-01 das BOT-Rennen in Daytona gewonnen hatte. Diese Rennen in den USA kennen keine Hubraumlimits und alle Tuningmaßnahmen sind erlaubt – solange es bei zwei Zylindern bleibt. Die Guzzi von Guareschi musste sich stärkster Konkurrenz erwehren und es galt, sich gegen Buell XBRR und Ducati 999S durchzusetzen. Die MGS Corsa-01 wird nur auf Bestellung aus den besten Komponenten der Welt in Mandello zusammengebaut: Das Fahrwerk mit Öhlins-Federelementen und Brembo-Bremsen, und der aus der Daytona abgeleitete Vierventilmotor mit Cosworth-Kolben – der Kardanantrieb bleibt. Jeder MGS-01 wird ein spezielles Handbuch mit dem Namen des Besitzers und der Rahmennummer beigefügt, außerdem werden eine Abdeckplane und ein Montageständer mit MGS-01 Corsa-Logo mitgeliefert – persönlicher geht's nicht!

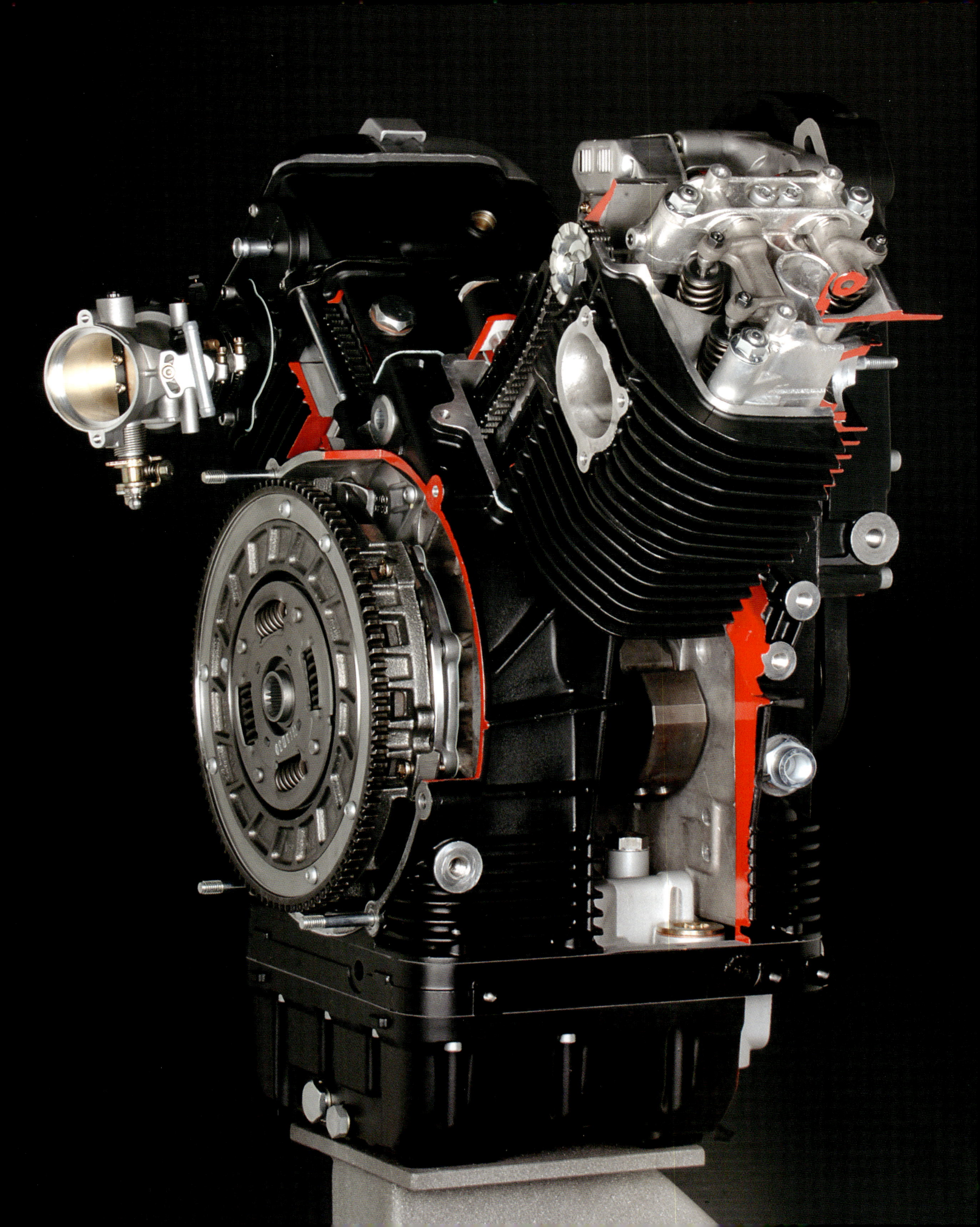

Vom Stolz, eine Guzzi zu fahren

Und wieder ein Neubeginn: Moto Guzzi wird Teil der von Roberto Colaninno geleiteten Piaggio-Gruppe.

Sportliche Neuausrichtung: 1200 Sport, Breva und Griso.

Erinnerung an die »goldenen Jahre«: V7 Classic und V7 Café Classic.

Kurz vor Moto Guzzis 90. Geburtstag wurde die Firma aus Mandello vom Piaggio-Konzern übernommen. Als Markenzeichen von Guzzi galt noch immer der große und ruhmreiche V2-Motor, der die dunklen Jahre, seltsame Motorräder und zahlreiche unternehmerische Irrtümer überstanden hatte.
Moto Guzzi gehörte längst zum italienischen Flair dazu und galt als die Marke mit der treuesten Anhängerschaft – und diese erwartete nun viel von der neuen Firmenleitung. Wichtigster Punkt war, dass man wieder mit Stolz auf die Motorräder mit dem Adler blicken konnte.

Jetzt ist Piaggio dran

Das Schnittmodell des neuen Vierventilmotors mit 110 PS Leistung. Er ist das Symbol für den Neuanfang und wurde für die Griso entwickelt (Seite 140).

Nach dem Zwischenspiel unter Aprilia-Chef Ivano Beggio, das zweifellos eine deutliche Verbesserung der Qualität bei Moto Guzzi brachte, folgte am 30. Dezember 2004 ein neuer wichtiger Schritt in den Besitzverhältnissen: Die Piaggio-Gruppe unter Roberto Colaninno übernahm den zahlungsunfähigen Aprilia-Konzern und damit auch Moto Guzzi.

Bei Guzzi fand die neue Führung zwar Verkaufszahlen vor, die allein nicht zum Überleben gereicht hätten, doch es gab eine große Zahl an Projekten, die zum Teil bereits weit fortgeschritten waren. Unter den zukünftigen Motoren sollte es Zwei- und Vierzylinder-Triebwerke, teilweise mit Wasserkühlung geben. Außerdem waren ambitionierte Projekte mit einem V6-Motor und einem nach vorne geneigten Dreizylinder-Reihenmotor (ähnlich dem von Carlo Guzzi aus den 1930er-Jahren) angedacht. Am weitesten fortgeschritten war jedoch die Weiterentwicklung des bekannten V2-Motors – wassergekühlt und deutlich leistungsstärker. Nichts davon war wirklich fertig, und Colaninno musste viele offene Enden übernehmen. Dabei versuchte er eine gewisse Kontinuität zu wahren und einige von Aprilias Entwicklungen zu Ende zu bringen. Im November 2005 wurde in Mailand die neue Breva 1100 vorgestellt, die als sportliche Reisemaschine mit der kleineren Breva 750 nur noch den Namen (ein am Comer See vorkommender Wind) gemein hatte. Die kleine Breva war ein ansehnliches einfaches Motorrad, und es wurden hohe Erwartungen in sie gesetzt, doch mit dem alten 750er-Motor war sie einfach zu schwach für einen richtigen Erfolg. Das mit einer Einspritzung versehene Triebwerk stammte aus der damaligen Nevada und galt als sehr zuverlässig, allerdings reichten 41 PS und 165 km/h Höchstgeschwindigkeit vielleicht für einen Cruiser, waren für ein sportlicheres Motorrad jedoch viel zu wenig.

Colaninno, der neue Macher

Im Dezember 2004 übernahm die von Roberto Colaninno geleitete Piaggio-Gruppe die bisher von Ivano Beggio geleitete Firma Aprilia – und damit auch Moto Guzzi. Hier präsentiert Colaninno dem damaligen Ministerpräsidenten Romano Prodi (links) die neue Moto Guzzi Norge. Zwischen den beiden steht der zuvor bei Alfa Romeo beschäftigte neue Guzzi-Chef Daniele Bandiera.

Die Breva 1100 war tatsächlich unter vielen Aspekten als innovativ zu bezeichnen. Am auffälligsten war die neue Hinterradaufhängung namens CARC (Cardano Reattivo Compatto), die das einseitig aufgehängte Rad und die Federung von den Lastwechselreaktionen des Antriebs entkoppelte und deren Namen nebenbei auf den bekannten Guzzi-Konstrukteur Giulio Caesare Carcano verwies – ein Hinweis auf die ruhmreiche Vergangenheit. Unmittelbar nach der Breva folgte die Griso (benannt nach einem Charakter aus dem Roman Promessi Sposi [deutsch: Die Brautleute] von Alessandro Manzoni) als unverkleidetes Muskelbike. An ihr wurde bereits ab 2003 gearbeitet, doch erst Ende 2005 war sie fertig. Der Motor entsprach zunächst dem der Breva 1100, weil er als zuverlässiger als das Vierventil-Triebwerk der Daytona galt, aber das wirklich neue war das Fahrwerk mit seinen zwei spektakulären dicken Hauptrohren, die das Erschei-

Die neue Modellpalette

Unter Colaninnos Führung konnten bei Moto Guzzi große Fortschritte hinsichtlich der Erweiterung der Modellpalette erreicht werden. Es gibt nun 750er, 850er, 1100er und 1200er. Das Angebot beinhaltet Sportler, Cruiser und Neo-Klassiker. Der Schwerpunkt liegt offensichtlich bei den großen Modellen, auch wenn – zumindest in Italien – die Nevada 750 der ewige Bestseller bleibt. Der unzerstörbare Mittelklasse-Cruiser führt seit Jahren die Verkaufsliste an.

Im Moment macht BMW mit den 800er-Paralleltwins in dieser Klasse reichlich Boden gut, und in attraktiven Modellen für den nicht ganz so prall gefüllten Geldbeutel würde wohl auch für Guzzi ein Schlüssel zum Erfolg liegen. Ein Schritt in diese Richtung ist die 2008 eingeführte V7 Classic und ihr Ableger V7 Café Classic von 2009, die – zwar mit dem nur 50 PS starken Motor der Nevada bestückt – mit ihrer gelungenen Linienführung zu Begründern einer neuen »Retro«-Reihe werden könnten.

nungsbild bestimmten und den Motor als mittragendes Bauteil aufnahmen. 2005 schickte Colaninno den bis dahin bei Alfa Romeo beschäftigten Daniele Bandiera als Technischen Direktor zu Guzzi. Obwohl er keinerlei Erfahrungen mit Motorrädern hatte, gelang es ihm, der Marke neues Leben einzuhauchen und die Verkaufszahlen zu steigern. Im letzten Aprilia-Jahr 2004 wurden bei Moto Guzzi ganze 3900 Fahrzeuge gebaut, 2005 waren es bereits 7000 Einheiten und ein Jahr später schon 9000 Stück – eine beachtliche Steigerung, doch verglichen mit der Konkurrenz viel zu wenig (BMW und Harley-Davidson fertigen jeweils etwa 100 000 Motorräder pro Jahr). Durch die Erweiterung der Modellpalette – es erschienen neue Retro-Bikes und Sportmaschinen – sollten auch die Verkäufe nochmals deutlich gesteigert werden können, darüber hinaus bekamen nun auch die zahlreichen langjährigen Fans der Marke endlich Material, um erneut ihre Treue zu beweisen.

Ein neuer Sportler

Die 2007 vorgestellte Moto Guzzi 1200 Sport ist mit 95 PS zwar etwas stärker als die Vorgängerin V11 Sport, doch insgesamt ist sie deutlich touristischer ausgelegt. Bereits 2009 zeigt sich das Nachfolgemodell 1200 Sport 4V mit dem bereits aus der Griso 8V bekannten neuen Vierventilmotor, der 110 PS abgibt.

Breva 1200 – ein Spitzen-Tourer

Das perfekte Motorrad gibt es nicht. Aber es gibt Maschinen, die einen sehr guten Kompromiss darstellen. Die Breva 1200 ist ein Naked-Bike mit einem hervorragenden Leistungsvermögen und eine Reisemaschine für ganz lange Strecken. Man sitzt sehr entspannt, die Sitzposition trägt der fehlenden Verkleidung Rechnung, und auch auf langen Strecken ermüdet man nicht, solange die Tempolimits eingehalten werden. Verantwortlich für diesen Fahrkomfort sind die breite und bequeme Sitzbank, die einstellbare 45 mm-Teleskopgabel und die Einarmschwinge mit dem verstellbaren Federbein. Die Reichweite der Breva ist beeindruckend: Der Tank fasst 23 Liter, und der Motor verbraucht kaum über fünf Liter auf 100 km. Beim Triebwerk hat man auf den altbekannten V2 in seiner letzten Evolutionsstufe gesetzt, der jetzt die Abgasnorm EURO 3 erfüllt und die Kraft über ein Sechsganggetriebe auf die Kardanwelle in der CARC-Einarmschwinge leitet, von wo sie lastwechselreaktionsfrei auf den 180er-Hinterreifen entlassen wird.

Wirksame Bremsen

Vorne umgreifen zwei Vierkolben-Sättel von Brembo schwimmend gelagerte Bremsscheiben mit 320 mm Durchmesser.

Stabile Gabel

Die konventionell aufgebaute Teleskopgabel ist mit 45 mm-Standrohren ausgerüstet und in der Federvorspannung einstellbar. 48,5 % des Maschinengewichts lasten auf ihr.

Viel Zubehör für die große Reise

Die Breva 1200 soll lange Reisen so bequem wie möglich machen. Serienmäßig sind ein kleines Gepäckfach unter dem Sitz (z. B. für eine Regenkombi) sowie eine Steckdose vorhanden. Als Sonderzubehör sind lieferbar: eine Lenkerverkleidung samt Windschutzscheibe, Heizgriffe, ein Navigationscomputer, ein Kofferset samt Topcase und das generell empfehlenswerte ABS.

2005

Reisetauglicher Tank

Als schnelle Reisemaschine verfügt die Breva über einen Tank mit 23 Litern Fassungsvermögen – so sind 400 km lange Etappen möglich.

Analoge Anzeigeinstrumente

Im Cockpit findet sich die klassische Instrumentierung: Mittig sitzt der Tachometer, links der Drehzahlmesser und rechts die Tankanzeige. Zusätzliche Hinweise zeigt der Bordcomputer per LCD an.

Motor

Das 1151 cm³ große Zweiventil-Triebwerk (Bohrung x Hub: 95 x 81,2 mm) ist mit einer Einspritzanlage ausgerüstet, leistet 95 PS bei 7800 U/min und liefert vor allem 100 Nm bei bereits 5800 U/min.

Einarmschwinge

Das Hinterrad wird von einer entkoppelten Einarmschwinge (CARC) geführt, der per Hebel angelenkte Monostoßdämpfer ist in der Federvorspannung und der Dämpfung einstellbar.

Der Schocker: Griso 8V

Dieses Motorrad räumt mit dem etwas verstaubten Image von Moto Guzzi auf, es ist aggressiv und exklusiv. Dies war auch das erklärte Ziel des Projektes, das 2005 zunächst mit dem 1100er-Zweiventilmotor der Breva Gestalt annahm. Der Name ist aus dem Stück Promessi Sposi [deutsch: Die Brautleute] von Alessandro Manzoni entnommen und der dreiste Aufruf der Tüchtigen. Tatsächlich räumt diese neue Guzzi mit vielen Traditionen auf. Die massiven und gut sichtbaren Rahmenrohre sowie die ähnlich dicken verchromten Krümmerrohre, die nach links zu einem konisch geformten Doppelschalldämpfer führen, bestimmen das Bild. Die Motorleistung wird über ein Sechsganggetriebe und einen in der CARC-Einarmschwinge laufenden Kardan übertragen.
Knapp ein Jahr später folgte die 110 PS starke Griso 8V mit dem neuen OHC-Vierventilmotor. Wieder liegen die Nockenwellen seitlich in den Köpfen, doch jetzt werden sie nicht mehr von außen liegenden Zahnriemen, sondern von hinten im Zylinder und Kopf verlaufenden Zahnketten angetrieben. Dank des neuen Rahmens lässt sich die Griso noch aktiver fahren als die schon sehr agile Breva. Die Maschine wird in zwei besonderen Farbvarianten angeboten: Glanzschwarz und Mondweiß.

Die Tradition der Namensgebung

Anders als die meisten Motorradhersteller gibt Moto Guzzi seinen Modellen gerne Namen. Bis zum Ende der Einzylinder-Ära wurden zumeist Vogelnamen vergeben: Airone (Reiher), Falcone (Falke), Galletto (kleiner Hahn), Lodola (Lerche), Stornello (Star), Nibbio (Habicht). Heute kommen die Namen aus der näheren Umgebung des Werkes oder der Kultur (Griso).

Eigenständigkeit

Durch ein gestrafftes Design wurde bei Moto Guzzi eine neue Art sportlicher Dynamik erreicht. Das beste Beispiel hierfür ist der große Doppelauspuff.

Innovativer Rahmen

Das neue Fahrwerk besteht aus zwei massiven Stahlrohren, die gut sichtbar außen liegen und den Lenkkopf mit der Schwingenaufnahme verbinden. Die Griso sieht nicht nur sehr luftig aus, sie wiegt mit nur 222 kg trocken auch verhältnismäßig wenig.

2006

Komfort ohne Kompromisse

Die Griso verfügt über eine bequeme Doppelsitzbank – auch wenn ein spartanischer Einzelsitz mit Bürzel sicher besser zum angestrebten sportlichen Auftreten gepasst hätte.

Sorgfalt im Detail

Die Qualität aller Komponenten ist deutlich verbessert worden und steht den besten Produkten der Welt in nichts nach. Der Flugzeug-Tankdeckel ziert den sehr flach gehaltenen Tank, in den dennoch 16,7 Liter Treibstoff passen.

Neuer Vierventiler

Der neue Motor mit halbhoch liegenden Nockenwellen (wie beim BMW-Boxer) wirkt durch den integrierten Kettentrieb (ebenfalls wie bei BMW) ansprechender. Die Kolben kommen von Asso – einem Hersteller von Hochleistungskomponenten.

Hinterradfederung

Die Einarmschwinge stützt sich gegen ein hochwertiges Boge-Federbein ab, das sowohl in der Federvorspannung wie auch der Zug- und Druckstufe einstellbar ist.

Erneut zum Nordkap

Unter der Leitung von Piaggio musste dringend eine Lücke im Guzzi-Programm geschlossen werden: Es fehlte eine echte Langstrecken-Reisemaschine, wie es einst die 850er-T-Reihe oder die SP 1000 waren. In der Firmengeschichte gab es immer Sport- und Tourenmodelle nebeneinander, oft wurden erfolgreiche Sportler aus Reisemaschinen abgeleitet. Die Ursprünge der Langstreckenmotorräder reichen bis ins Jahr 1928 zurück, als Carlo Guzzis Bruder Giuseppe mit der 500 GT von Mandello bis zum Nordkap fuhr, um die Zuverlässigkeit der neuen Hinterradfederung unter Beweis zu stellen. Auf den damaligen Straßen (zumeist nur Feldwege) war dies eine unvorstellbare Strapaze, die umso mehr die Zuverlässigkeit der gesamten Maschine belegte. Heute lässt sich ein solches Unternehmen deutlich leichter durchführen, es wird nur geeignete Kleidung und ausreichend »Sitzfleisch« benötigt.

Wie vor 78 Jahren

Zur Vorstellung der neuen Norge organisierte Moto Guzzi eine Fernfahrt von Mandello zum Nordkap – zur Erinnerung an Giuseppe Guzzi, der 1928 mit einer solchen Reise die neue Hinterradfederung bewerben wollte.

4429 Kilometer

Am 26. Juli 2006 gingen in Mandello 14 Journalisten mit Norge-Maschinen zu einer sechstägigen Reise ans Nordkap an den Start – eine Herausforderung vor allem für die Fahrer.

Denn es bleibt eine schier endlos lange Strecke – eine Herausforderung, die nicht jeden reizt. Bei Guzzi dachte man bei der Vorstellung des neuen 1200er-Supertourers an Zweierlei: Zum ersten sollte das neue Modell Norge heißen – so wie Giuseppe Guzzi die 500 GT nach seiner Heimkehr genannt hatte; zum zweiten sollte mit diesem Motorrad erneut die gleiche Strecke von Mandello zum Nordkap und zurück bewältigt werden. Ein großer Unterschied war, dass diesmal nicht nur ein Motorrad, sondern eine ganze Flotte auf die Reise ging. 14 Maschinen wurden an Journalisten aus aller Welt verteilt, und einen Monat nach Beginn der Auslieferung ging es am 26. Juli 2006 los (nicht bereits nach der Vorstellung im November 2005!). Für die 4429 km waren sechs Tage eingeplant, und bereits die erste Etappe führte über 900 km nonstop nach Berlin.

Die Norge ist ein schweres Motorrad (246 kg leer) und verfügt über eine gut schützende Verkleidung mit höhenverstellbarer Windschutzscheibe, sodass sie an die Größe des Fahrers angepasst werden kann. Zur Ausstattung gehören zwei in Fahrzeugfarbe lackierte Koffer mit herausnehmbaren Innentaschen. Die Zylinderköpfe ragen aus der Verkleidung heraus – zum einen aus ästhetischen Gründen (das Motorrad wirkt aufgelockert und leichter), zum anderen, damit die erwärmte Kühlluft gut abgeführt werden kann. Der aus der Breva stammende Motor leistet 95 PS bei 7500 U/min und wurde auf große Elastizität und geringen Verbrauch abgestimmt. Die Nordkap-Reise verlief ohne Probleme, der Beweis für die Fernreisetauglichkeit war damit erbracht. Besonders der Motor hatte sich gut bewährt, sodass er danach auch in der neuen 1200 Sport seinen Dienst verrichten durfte.

Geringer Verbrauch

Trotz einiger schneller Etappen (auf deutschen Autobahnen) hielt sich der Durchschnittsverbrauch in Grenzen: etwas mehr als fünf Liter auf 100 km.

Stelvio und Retro-Klassiker

Agiles Schwergewicht

Ein markanter Doppelscheinwerfer sorgt sowohl für eine eigenständige Erscheinung wie auch eine gute Ausleuchtung der Fahrbahn. Von vorne betrachtet ist der Motor gut in die Maschine integriert, die trotz ihrer 251 kg (fahrfertig) überaus agil zu bewegen ist.

Auch wenn es nicht so direkt ausgesprochen wurde, hatte die neue Firmenleitung unter Colaninno den Anspruch, dass Moto Guzzi es mit BMW aufnehmen sollte. Die Marke aus Mandello sollte wieder als Hersteller hochwertiger Motorräder etabliert werden, die es mit markanten Zweizylindermotoren in Tourern, Sportlern und Enduros gar nicht wirklich nötig hatte,

in einen Leistungswettbewerb mit den Japanern zu treten. Vielmehr sollten die Maschinen mit Eigenständigkeit glänzen, und eine Guzzi sollte genauso auf den ersten Blick erkennbar sein, wie es die Konkurrenten aus Bayern waren. Natürlich ist es nicht einfach und risikolos, ausgerechnet gegen die weltweit meistverkaufte Reise-Enduro antreten zu wollen, zumal die zur Verfügung stehenden Mittel begrenzt waren. Und das Ergebnis sprach für sich: Während BMW jährlich etwa 30 000 GS-Motorräder verkauft, wurden es 2008 bei Guzzi gerade 400 Stelvios. Dabei ist die Stelvio (italienisch für Stilfser Joch) ein gut durchdachtes Motorrad, das nicht so plump wirkt (und auch fährt) wie die Quota und zudem mit dem 110 PS starken Vierventilmotor der Griso 8V auch über ausreichend Leistung verfügt. Ihr größter Nachteil liegt darin, dass sie teurer als die Konkurrenzmodelle ist, dafür im Konzept aber nicht so schlüssig wie diese. Moto Guzzi wollte eine gewisse Ähnlichkeit mit einem bestimmten Mitbewerber erzeugen, sodass man sogar ähnliche Farben wählte – vielleicht wäre ein eigenständigeres Design besser gewesen.

Das Stilfser Joch gilt als einer der anspruchsvollsten Pässe des gesamten Alpenraums. Die lange gewundene Straße in der Lombardei führt über 84 Kehren auf 2758 Meter Höhe, noch heute folgt ihr Verlauf der ursprünglichen Trasse von 1855. Seit jeher ist das Stilfser Joch eine Herausforderung für jeden Motorradfahrer. Die Bestimmung der Stelvio liegt in langen und bequemen Reisen – auch auf Straßen dritter Ordnung und Schotterpisten. Wie bei nahezu allen Konkurrenten auch verbieten ihre Ausmaße und das Gewicht von 251 kg allerdings jeden Ausflug in richtiges Gelände. Wer beispielsweise auf einer Mittelmeer-Insel den Feldweg zu einer einsamen Bucht fahren muss, merkt

schnell, wie viel besser es dank der langen Federwege und dem Motorschutz aus Stahl mit der Stelvio gegenüber einer klassischen Reisemaschine geht. Um den Kontakt mit Hindernissen zu vermeiden, wurden sowohl der Auspuff wie auch die Fußrasten hochgelegt, und der hohe und breite Lenker erleichtert das Manövrieren. Der Fahrersitz ist wie die Windschutzscheibe höhenverstellbar.

Vor allem beeindruckt das gewaltige Drehmoment des Triebwerks: So liegen zwischen 2700 und 3500 U/min immer mindestens 85 Prozent des maximalen Durchzuges an. Dem gedachten Verwendungszweck angepasst sind die Speichenräder, auch wenn diese etwas mehr Aufmerksamkeit als Gussräder benötigen. Die Felgen stammen von Behr, die Speichen von Alpina, und alles ist so abgedichtet, dass schlauchlose Reifen montiert werden können.

Weiter geht's mit dem Fahrwerk: Ein unten offener Doppelrohr-Rahmen mit 2,5 mm Wandstärke trägt den Motor an sechs Punkten – zwei mehr als üblich. So fungiert das Triebwerk als mittragendes Teil und verstärkt das Fahrwerk. Trotz ihres nicht gerade geringen Gewichts ist die Stelvio sowohl in engen Kehren wie auch bei höherem Tempo sehr handlich. Dies wurde durch einen Lenkkopfwinkel von 27° und einen Nachlauf von 125 mm erreicht. Mit 1535 mm Radstand ist die Stelvio ungewöhnlich lang geworden, sodass sich dies auf richtig engen Kurven als hinderlich erweist und für etwas Trägheit sorgt, doch auf gut ausgebauten Straßen glänzt die Maschine mit einem unerschütterlichen Geradeauslauf.

Wegen der zahlreichen völlig neuen Modelle musste viel unternommen werden, um die Kosten im Rahmen zu halten, also wurde versucht, möglichst viele identische Komponenten in verschiedene Modelle einzubauen. Neben Rahmen und Motoren betraf dies auch andere Anbauteile. So entstand beispielsweise auf Basis der Breva 1200 die Bellagio (benannt nach einer Stadt nördlich von Mandello). Der 850er-Zweiventilmotor wurde auf 950 cm³ vergrößert, sodass neben einigen zu-

Moderne Reiseenduro

Bei Enduros geht der Weg schon seit Langem in Richtung SUV: Sie muss so aussehen, als könne der Fahrer damit ins Gelände. Die Stelvio bietet dazu immerhin 21 cm Bodenfreiheit und einen stabilen Ölwannenschutz. Das hohe Drehmoment aus geringen Drehzahlen erleichtert zudem das Fahren auf nicht asphaltierten Straßen oder an steilen Anstiegen. Die bequeme Sitzposition und die einstellbare Verkleidung ermöglichen lange Etappen.

Cruiser auf italienische Art

Italienische Custombikes unterscheiden sich von anderen durch ihre gute Fahrbarkeit auch auf kurvigen Strecken – dies gilt auch für die neue Bellagio, deren Fahrwerk und Sitzposition auch forsches Fahren ermöglichen. Optisch lehnt sich die Maschine mit ihrem flachen Lenker, der Stufensitzbank und dem halbhoch verlegten Zwillings-Auspuff stark an amerikanische Vorbilder an.

sätzlichen PS ein hoher Drehmomentzuwachs zu verzeichnen war.

Wer einen fahraktiven Soft-Cruiser sucht, kommt an der Bellagio nicht vorbei. Die Sitzposition ist klassisch, der Drag-Bar-Lenker flach und tief, und die Sitzbank ähnelt genauso der einer Harley Sportster wie es die (hier links verlegte) Doppelrohr-Auspuffanlage tut.

Bald werden auch sie Klassiker sein

Motorräder im Retro-Look werden von vielen Herstellern angeboten. Angefangen hat das mit den Zephyr-Modellen von Kawasaki, und auch Honda kopiert sich oft und gerne selbst. Bei Triumph existiert die Bonneville in verschiedenen Varianten, und Ducati bietet den luftgekühlten Zweiventiler in der 1000 GT und S an, sogar eine so legendäre Maschine wie die 750 SS wird in einer »Paul Smart«-Variante neu vermarktet. Bei Harley-Davidson kann eigentlich nicht von einem Retro-Look gesprochen werden, weil in Milwaukee nie etwas anderes als Oldtimer gebaut worden sind.

An alte Guzzi-Zeiten hingegen erinnern die Speichenräder mit Hochschulter-Alufelgen. Wirklich leicht ist auch eine Bellagio nur im Vergleich zu einer Harley. Zudem verfügt die Guzzi über das bessere Fahrwerk und die besseren Bremsen.

Von der Griso und der Norge werden auch Einsteigermodelle mit 850 cm^3 Hubraum und etwas einfacherer Ausstattung angeboten – deutlich preiswerter als Top-Varianten.

Eine weitere vielversprechende Modellreihe sind die Neo-Klassiker. Die so bezeichneten Fahrzeuge nehmen gemeinhin Stilelemente berühmter Vorgänger auf, und meistens weisen auch ihre Namen auf diese hin. Bei anderen Herstellern sind dies Maschinen wie die Bonneville-Reihe von Triumph oder die GT von Ducati. Im Falle Moto Guzzis wird auf Modelle des »goldenen Jahrzehnts« (1965 bis 1975) zurückgegriffen, um einen alten Look mit moderner Technik zu verbinden.

Natürlich dürfen die Neuauflagen der alten Maschinen nur noch so aussehen, als seien sie nur für harte Kerle geeignet. Sie dürfen nicht vibrieren oder ölen, müssen zuverlässig und vollgasfest sein und die Wartungsintervalle dürfen auch nicht allzu kurz ausfallen. Sitzbänke müssen breiter und bequemer und Stummellenker höher angebracht sein. Elektrostarter und Einfinger-Bremsen (möglichst noch mit ABS) werden als Standard erwartet. Wenn dann noch geringes Gewicht und dezenter Verbrauch (selten) und eine gute Verarbeitung (immer öfter) hinzukommen, sollte ein Verkaufserfolg gesichert sein.

Die ersten beiden neuen Retro-Modelle von Guzzi sind die California Vintage und die V7 Classic. Bei der California wurde am Stößelstangenmotor nur wenig geändert, und auch die großen Koffer scheinen entstaubte Originalteile der Ur-California zu sein. Die neue V7 ist optisch eine Neuauflage der V7 Special, sie basiert allerdings auf dem Motor und dem Fahrwerk der Nevada 750. Der aus Kunststoff bestehende Tank ist von der V7 Sport abgeleitet aber in den Farben der Special gehalten. Ende 2008 stand wiederum auf Basis der V7 Special die V7 Café Classic auf der Mailänder Messe, bei der nicht nur die Tankform, sondern auch die Lackierung und die Stummellenker an die legendäre Sportmaschine von 1971 erinnerten. Im Vergleich zu ihrer Vorgängerin (kleines Bild rechts)

Es lebe die Vergangenheit

Ganz oben die California Vintage mit dem klassischen Stößelstangenmotor. Darunter die V7 Classic, die zumindest von der Gestaltung, dem Hubraum und der Leis-tung der V7 Special von 1967 ähnelt.

Die Zeiten ändern sich

Ganz anders als ihr 52 PS starkes Vorbild V7 Sport scheint die V7 Café Classic heute eher für beschauliches Fahren ausgelegt zu sein. Dass man mit einer solchen Maschine besonders auf Nebenstrecken ordentlich herumräubern kann, werden Big-Bike-Piloten erst bemerken, wenn ein hellgrüner »Oldie« mit schmaler Bereifung an ihnen vorbei gezogen ist.

lässt sich erkennen, wie wenig Zugeständnisse die V7 Café Classic an die moderne Zeit macht. Das Fahrwerk basiert auf dem klassischen Doppelschleifenrahmen mit Unterzügen, die Gabel und die Federbeine scheinen fast identisch zu sein, und am Motor fallen nur die eckige Verrippung und die kleinen Ventildeckel auf. Die Instrumentenbecher sind wie beim Vorbild – und der Mode der 1970er-Jahre angepasst – in Schwarz gehalten. Anders als das Ur-Modell ist ihr Replikat nur mit einer einsitzigen Höckersitzbank (aber Soziusrasten, sodass die Bank der V7 Classic montiert werden kann) und zwei leicht hochgezogenen Auspufftöpfen ausgerüstet. Im Gesamtgewicht konnten in 38 Jahren immerhin knapp 40 kg eingespart werden.

Auch an den Bremsen hat sich in vier Jahrzehnten einiges geändert. Statt Duplex-Trommelbremsen (vorne in doppelter Ausführung) sorgt je eine Scheibenbremse für adäquate Verzögerung. Statt Hochschulter-Aluminium-

Die Technik

In der V7 Café Classic werkelt wie beim Vorbild ein luftgekühlter 750er-V2-Motor mit einer unten liegenden Nockenwelle, Stößelstangen und je zwei Ventilen. Die Gemischaufbereitung übernimmt heute eine Einspritzanlage, und mithilfe von Katalysatoren wird die EURO-3-Norm erreicht. Klassisch sind der Doppelschleifenrahmen mit abnehmbaren Unterzügen, eine konventionelle Telegabel (40 mm – von Marzocchi) und Stereo-Stoßdämpfer. Der Tank ist kleiner geworden, dafür wiegt das Motorrad vollgetankt auch nur 199 kg.

felgen gibt es Stahlfelgen, und statt verchromter Kotflügel sind schwarze Kunststoffteile verbaut. Die 18er-Reifen in den Größen 100/90 und 130/80 sind für heutige Verhältnisse sehr schmal, sorgen aber für äußerst handliches Fahrverhalten.

Es fällt schwer, genauere Vorhersagen über die Zukunft von Moto Guzzi zu treffen, die Lage in Mandello ist teilweise widersprüchlich. Trotz des wieder erstarkten Markenimages und einer verbreiteten Popularität scheint man noch nicht ganz den Platz am Markt gefunden zu haben. Und die Ende 2008 ausgebrochene Weltwirtschaftskrise macht auch vor der Motorradindustrie nicht halt. Die zahlreichen alten und neuen Fans der Marke Moto Guzzi wollen eigentlich nur eins: gut gemachte Sport- und Tourenmotorräder, die keinen Zweifel aufkommen lassen. Wer eine Guzzi kauft, möchte sich niemandem unterlegen fühlen, sondern stolz auf seine Wahl und seine Marke sein.

Sportmotorrad pur

Die flache und schlanke V7 Sport gehörte mit ihren angeblichen 70 PS Anfang der 1970er-Jahre zu den rassigsten Straßensportlern überhaupt. Bei zahlreichen Langstreckenrennen mussten ihr desmodromisch gesteuerte Ducatis und flinke Laverdas den Vortritt lassen.

Der Moto Guzzi-Stammbaum

Die Gesamtproduktion aller Moto Guzzis bildlich wiederzugeben ist praktisch unmöglich – es gab in der inzwischen fast 90-jährigen Firmengeschichte viel zu viele schnell aufeinanderfolgende Modelle und Varianten. Hier werden daher nur diejenigen Modelle abgebildet, die – nach Meinung der Autoren – zu den wichtigsten und bedeutendsten gehörten, und die Spuren in der Geschichte hinterließen oder es zumindest hätten tun sollen. Die Rennmaschinen wurden nicht berücksichtigt – sie hätten einen eigenen Stammbaum erfordert.
Ein Stammbaum ist meist so aufgebaut, dass das Augenmerk auf den Königinnen und Königen liegt, auf großen Herrschern oder sonstwie bedeutenden Menschen. Die Herzöge und Grafen sorgen nur für den nötigen Rahmen und bleiben Randfiguren. Dieser oder jener wird sich übergangen fühlen, die schöne Magd könnte sich beschweren – aber Geduld!
Auswählen ist immer schmerzlich und beinhaltet Risiken. So werden uns erst die Zukunft und der Verkaufserfolg sagen, welche der Neuzeit-Modelle ihren Platz behaupten werden.

Seit 2000

V11 Le Mans 1100

1990

Nevada 350

1980

V 50 Monza 500

Le Mans III 850

California II 850

1970

V7 750 Sport

Nuovo Falcone 500

V850 Le Mans

1960

Dingo (Dreigang) 50

Trotter Special M 50

1950

Lodola 175

1940

SuperAlce 500

1930

GTS 500

1920

Normale 500

C 4V 500

Classic 750

Breva 1100

Griso 1100

Norge 1200

Stelvio 1100

lifornia EV 1100

Daytona 1000 IE

V10 Centauro 1000

Quota 1100

V11 1100

35 Custom 350

850 T5

V65 Lario 650

Le Mans 1000

California III 1100

ornello 125

Vierzylinder 350/400 GTS

V 35 350

Dingo Viergang G 50

700

V7 Special 750

Stornello Geländesport 125

golo 98/110

Moto Guzzi Galletto 160/175/192

Cardellino 73/85

Falcone 500

otoleggera 65cc

Airone 250

W 500

GTC 500

Norge 500

500S

Moto Guzzi – die Produktion

Gesamtproduktion an Motorrädern zwischen 1949 und 1970

1949	1950	1951	1952	1953	1954	1955	1956	1957	1958	1959	1960	1961	1962	1963	1964	1965	1966	1967	1968	1969	1970
2903	4312	14 832	10 697	10 675	6556	33 767	34 367	29 972	30 713	20 741	27 747	24 500	19 266	19 666	14 462	9112	6753	3698	3221	3896	2143

Produktion Motorräder mit Hubräumen von 51 bis 125 cm³ zwischen 1955 und 1970

1955	1956	1957	1958	1959	1960	1961	1962	1963	1964	1965	1966	1967	1968	1969	1970
25 174	28 312	22 057	22 888	k. A.	22 258	18 303	15 191	15 775	11 518	7752	5655	3267	2287	2257	374

Produktion Motorräder mit Hubräumen von 126 bis 200 cm³ zwischen 1951 und 1970

1951	1952	1953	1954	1955	1956	1957	1958	1959	1960	1961	1962	1963	1964	1965	1966	1967	1968	1969	1970
11 536	7359	7565	4449	6154	4543	7711	7417	k. A.	3155	2781	2679	2442	1668	846	841	235	482	755	130

Produktion Motorräder mit Hubräumen ab 201 cm³ zwischen 1951 und 1970

1951	1952	1953	1954	1955	1956	1957	1958	1959	1960	1961	1962	1963	1964	1965	1966	1967	1968	1969	1970
3296	3338	3110	2107	2439	1512	204	408	k. A.	2329	3416	1396	1449	1276	514	257	187	452	884	1639

Produktion zwischen 1921 und 1945

175- und 250 cm³-Modelle

P 175 (1932–1937): 1503
P 250 (1934–1937): 1886
PL 250 (1937–1939): 1474
PLS 250 (1937–1939): 744
Ardetta 250 (1939–1940): 599
Egretta 250 (1939–1940): 784
PE 250 (1934–1939): 1568
PES 250 (1938–1939): 75
Airone 250 (1939–1940): 1236

500 cm³-Modelle

Normale (1921–1924): 2065
Sport (1923–1928): 4107
Sport 14 (1929–1930): 4385
Sport 15 (1931–1938): 5979
S (1935–1940): 4004
E (1940): 67
2 VT telaio Sport (1923–1928): 547
2VT telaio Sport 14 (1924–1930): 136
2VT telaio Sport 15 (1931–1934): 917
V (1934–1940): 2119
W (1935–1939): 159
GT Sport (1928–1929): 78
GT 16 (1930–1934): 754
GT 2 VT (1931–1934): 167
GTS (1935–1940): 2652
GTV (1934–1940): 2368
GTW (1936–1940): 539
GTC (1942): 2

Rennmaschinen

250 SS (1927–1935): 377
4V 500 (1924–1933): 486
GTC 500 (1937–1938): 161
Condor 500 (1939–1940): 69
Albatros 250 (1939–1940): 25
Bicilindrica 500 (1933–1951): 21
Tre cilindri 500 (1940): 2
250 (1926–1935): 27
250 Kompressor (1935–1939): 2
3 Zylinder 500 Kompressor (1940): 1

Militärmaschinen

GTE 500 (1928–1930): 245
GT 17 500 (1930–1939): 4810
GT 20 500 (1938–1939): 248
Alce 500 (1939–1945): 6977

Motorkarren

Sport 14 (1929–1930): 225
109 (1931–1939): 925
125 (1931–1936): 143
S (1936–1937): 830
ER (1938–1941): 4319
559 (1941): 22
Trialce 500 (1940–1943): 1741
500 U (1942–1945): 2311

Produktion zwischen 1940 und 1965

Alce und SuperAlce 500 (1940–1958): 13 636
GTS 500 (1940–1941): 564
GTV 500 (1940–1949): 4439
Astore 500 (1950–1952): 2712
GTW 500 (1940–1949): 596
Airone 250: (1940–1961): 26 926
PEL 250 (1940–1941): 219
Ardetta 175 (1940): 20
Falcone 500 (1950–1965): 7610
Ercole 500 (1945–1965): 30 400
3x3 (1961): 204
Dingo 3 50 (1965): 1166
65-Cardellino 73-85 (1954–1965): 214 497
Zigolo 98-110 (1953–1965): 129 771
Lodola 175-235 (1956–1965): 26 757
Dingo 50 (1964–1965): 25 450
Galletto 160-175-192 (1950–1965): 71 055
Stornello 125 (1960–1965): 32 370
Ercolino 200 (1956–1965): 26 745
Motocoltivatori (1964–1965): 1777
Motori agricoli (1961–1965): 10 114

Generationstreffen

Links die in Hellgrün gehaltene erste Guzzi von 1921, rechts eine mit Carbonteilen veredelte Daytona von 1997

Moto Guzzi-Produktion unter Führung der SEIMM (1966 bis 1973)

Modello	1966	1967	1968	1969	1970	1971	1972	1973	gesamt
Ercole	770	2304	892	655	960	659	535	493	7268
Ercolino	1084	735	553	456	401	–	–	–	3229
Falcone	–	405	390	–	–	–	–	–	795
Nuovo Falcone	–	–	–	8	2946	3775	1686	2293	10708
Dingo Super	2400	–	–	–	–	–	–	–	2400
Dingo Cross	1800	2921	3502	4030	6059	2420	1859	1141	23752
Dingo SS	–	799	917	877	1211	189	–	–	3993
Dingo GT	–	2905	4421	3340	6086	2456	1858	1646	22712
Dingo 3M	–	–	5900	5500	6301	5058	2689	4423	29871
Dingo MM	–	–	–	9642	4847	3750	2790	2716	23745
Trotter									k. A.
Stornello 125	1500	747	–	751	601	2653	900	850	8002
Stornello RG	300	–	–	–	–	–	–	–	300
Stornello Sport	498	1201	448	–	–	–	–	–	2147
Stornello Usa	3802	–	260	–	–	–	–	–	4062
Stornello Scr.	2495	–	300	–	–	259	968	273	4295
Stornello 160	–	–	1248	418	289	2287	1086	900	6228
V7 700	30	218	844	795	58	706	481	373	3505
V7 700 Usa	57	813	599	–	–	–	–	–	1469
V7 700 Cuba	–	–	401	–	–	–	–	–	401
V7 Eldorado	–	–	–	–	–	271	2396	–	2667
V7 Special	–	–	286	660	2143	2791	202	46	6128
V7 Special Usa	–	–	–	701	2244	1639	–	–	4584
V7 California	–	–	–	–	419	575	–	–	994
850 GT	–	–	–	–	–	507	2626	1410	4543
850 Usa	–	–	–	–	–	308	2412	1624	4344
850 California	–	–	–	–	–	–	835	1335	2170
850 GT Usa	–	–	–	–	–	–	–	272	272
850 California f.d.	–	–	–	–	–	–	–	290	290
V7 Sport	–	–	–	–	–	104	2152	1435	3691
750 S	–	–	–	–	–	–	–	152	152

Moto Guzzi-Produktion unter Führung von De Tomaso (1974 bis 1998)

Stornello 125 (1974) 500
Stornello 160 (1974) 500
250 TS (1974–1982) 12855
350 GTS (1974–1979) 3378
400 GTS (1974–1979) 2533
Cross 50 (1975–1982) 10462
Nibbio 50 (1974–1976) 5122
Chiù 50 (1974–1976) 9023
Magnun 50 (1976–1979) 9023
Tuttoterreno 125 (1974–1981) 6794
Turismo 125 (1974–1981) 3694
125 2C (1979–1981) 1182
125 Custom (1985–1987) 503
125 TT (1985–1988) 1952
254 (1977–1981) 1071

V35 (1977–1979) 6935
V35 TT (1984–1986) 1755
V35 Imola (1979–1984) 8150

V50 (1977–1980) 7343
V50 Monza (1980–1984) 4154
V65GT (1986–1995) 4149
V65 TT (1983–1986) 1799
V65 NTX (1986–1993) 1859
V65 Lario (1983–1989) 3921
V75 (1985–1986) 789
V75 NTX (1986–1993) 359
V75 SP (1989–1994) 199
V75 Targa (1991–1992) 259
V35C (1982–1987) 9950
V50C (1982–1986) 1417
V65C (1983–1987) 4280
V35 Florida (1986–1991) 2426
V65 Florida (1986–1994) 4134
350 Nevada (1991–1998) 1522
750 Nevada (1991–1998) 4370
Quota (1992–1997) 680
V700 (1974–1977) 1242

750 S (1974–1975) 1048
750 S3 (1975) 951
850 GT disco (1974) 1442
850 T (1974–1975) 5301
850 T3 (1975–1985) 16655
850 T4 (1980–1984) 1518
850 T5 (1983–1989) 4760
V1000 I-Convert (1975–1982) 5452
1000 SP (1978–1983) 9005
1000 SP II (1984–1987) 1118
1000 SP III (1988–1996) 890
1000 G5 (1978–1985) 3857
1000 GT (1989–1993) 4685

850 California FT (1974) 163
850 California f.d. (1974–1975) 1298
850 T3 California (1975–1982) 7272
California II (1981–1987) 9759
California III carb (1987–1994) 6819

California III ie (1990–1993) 658
California 1100 carb (1993–1998) 3013
California 1100 ie (1993–1997) 3596
California 75° (1997) 750

850 Le Mans (1975–1978) 7036
850 Le Mans II (1978–1981) 7335
850 Le Mans III (1980–1985) 10056
1000 Le Mans (1984–1993) 6343
1000 S (1989–1993) 1360
Daytona 1000 (1992–1998) 1415
1100 Sport (1994–1996) 1780
1100 Sport ie (1996–1998) 1477
V10 Centauro (1997–1998) 1223
V10 Centauro GT (1998) 191
V10 Centauro Sport (1997–1998) 291

Produktion der italienischen Konkurrenz zwischen 1949 und 1970

Benelli

1949	1950	1951	1952	1953	1954	1955	1956	1957	1958	1959	1960	1961	1962	1963	1964	1965	1966	1967	1968	1969	1970
20	29	11	98	173	137	5285	5463	3851	3248	3095	3773	3779	2531	1508	1623	951	595	543	990	2211	2369

Ducati

1949	1950	1951	1952	1953	1954	1955	1956	1957	1958	1959	1960	1961	1962	1963	1964	1965	1966	1967	1968	1969	1970
			99	293	121	14401	2515	10712	11654	9606	11188	6997	5148	2356	1140	1021	714	908	1113	1910	4594

Gilera

1949	1950	1951	1952	1953	1954	1955	1956	1957	1958	1959	1960	1961	1962	1963	1964	1965	1966	1967	1968	1969	1970
1752	1039	665	9304	18667	18370	16630	13783	12951	13926	17940	20454	18094	14230	10356	6357	4228	3450	3801	5008	4619	6602